项目基金资助：

湖北小城镇发展研究中心开放项目（2023B002）；

湖北省教育厅科学技术研究计划指导性项目"湖北省绿色宜居农房超低能耗建造技术体系研究（B2023159）"；

教育部产学合作协同育人项目（202102067046）；

湖北省建设厅科技计划项目"湖北省绿色宜居农房建造技术体系研究"。

绿色建筑设计的理论与实践

吴明杰　著

U0253988

吉林文史出版社

图书在版编目（CIP）数据

绿色建筑设计的理论与实践 / 吴明杰著 . — 长春：
吉林文史出版社，2024.6. — ISBN 978-7-5752-0356-2

I. TU201.5

中国国家版本馆 CIP 数据核字第 2024MD1049 号

绿色建筑设计的理论与实践
LÜSE JIANZHU SHEJI DE LILUN YU SHIJIAN

著　　者：吴明杰

责任编辑：靳宇婷

出版发行：吉林文史出版社

电　　话：0431-81629359

地　　址：长春市福祉大路 5788 号

邮　　编：130117

网　　址：www.jlws.com.cn

印　　刷：河北万卷印刷有限公司

开　　本：710mm×1000mm　1/16

印　　张：16

字　　数：216 千字

版　　次：2024 年 6 月第 1 版

印　　次：2025 年 1 月第 1 次印刷

书　　号：ISBN 978-7-5752-0356-2

定　　价：98.00 元

前　言

随着全球气候变暖和其他环境问题日益严重，绿色建筑设计已经成为建筑行业的重要趋势，它不只是一种建筑风格或技术，更是一种对环境、社会和经济的全面考虑，旨在创造一个可持续、健康和舒适的生活环境。

本书从绿色建筑的基本知识入手，探讨了传统建筑的绿色观念、绿色建筑的发展趋势，以及绿色建筑设计的各种原则、要求和内容。本书深入探讨了绿色建筑设计的技术支持、材料选择、不同类型和气候地区的绿色建筑设计，以及新时代绿色建筑设计的创新对策和评价方法。在技术支持部分，本书详细介绍了绿色建筑的各种节能、节地、节水、节材技术，以及室内外环境控制和照明技术，这些技术可以提高建筑的能效，还可以提高居住和工作的舒适性，减少对环境的影响。在材料选择部分，探讨了绿色建筑材料的内涵、要求和选择策略，选择正确的材料可以提高建筑的性能和寿命，减少对环境的影响，提高建筑的可持续性。在不同类型和气候地区的绿色建筑设计部分，本书提供了针对不同用途和气候条件的绿色建筑设计方法和策略，以期帮助设计师创建适应当地环境和文化的绿色建筑。在新时代绿色建筑设计的创新对策部分，探讨了绿色建筑设计的前期策划、方案设计、多工种协同工作方法，以及提升建筑环保材料利用率的方法。最后，本书还提供了绿色建筑的评价方法和案例分析，帮助读者更好地理解和应用绿色建筑设计的理论和实践。

该书为读者提供了一个全面、深入和实用的绿色建筑设计指南，希望能够对推动绿色建筑设计的发展和应用做出贡献。

目　录

第一章　绿色建筑基础

第一节　绿色建筑的基本知识

一、绿色建筑的概念

关于绿色建筑的定义，比较权威的是《绿色建筑评价标准》（GB/T 50378—2019）中提出：在其全寿命期内，节约资源、保护环境、减少污染，为人们提供健康、适用、高效的适用空间，最大限度地实现人与自然和谐共生的高质量建筑。

对于该定义，可以从以下几个方面进行理解。

（1）绿色建筑的理念应体现在建筑全寿命周期内的各个时段，包括项目前期策划、建筑规划设计、建材和建筑部品的生产加工与运输、建筑施工及安装、建筑运营，以及建筑寿命终结后的处置和再利用。

（2）绿色建筑应是节能、低碳排放的建筑。

（3）绿色建筑作为为人服务的生活和生产设施，应充分体现其健康性、适用性和高效性。

（4）绿色建筑应是环境友好型的，是与自然和谐共生的建筑。

（5）绿色建筑应满足前期策划、项目实施、后期运营等各阶段的高质量标准要求。

绿色建筑设计的理论与实践

自 20 世纪 60 年代起，全球对绿色建筑的关注逐渐增多。与此同时，一些与绿色建筑相似的概念也开始受到关注，例如，生态建筑重视在满足人类居住需求的同时，最大限度地利用并保护当地环境，以实现生态平衡和安全；可持续建筑着眼于通过节约、高效使用和循环利用资源和能源，来减少建筑对环境的负面影响；节能建筑的主要目标是减少能源消耗；生物气候建筑强调对特定气候环境的适应性；低碳建筑的焦点在于减少建筑整个生命周期中的碳排放。

虽然这些概念在研究方法和重点上有所不同，但它们在本质上旨在确保建筑的使用者能够在健康和舒适的环境中生活和工作，并通过各种技术手段，实现建筑的资源和能源节约、环境保护和污染减少的共同目标。

二、绿色建筑的特征

绿色建筑主要具有以下几大特征，如图 1-1 所示。

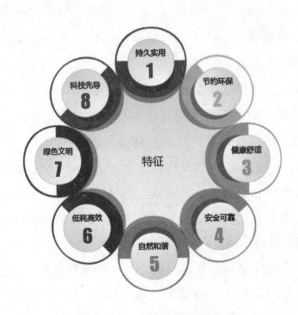

图 1-1 绿色建筑的特征

（一）持久实用

绿色建筑，作为一种对资源投入较大的建筑形式，必须满足长久的使用寿命和实际功能，持久性和实用性成为绿色建筑的核心要求。具体来说，持久性意味着在正常的维护和无须大规模修复的前提下，绿色建筑能够达到预期的使用寿命，且在此期间不会出现严重的风化、退化、腐蚀等问题。实用性则强调绿色建筑在设计生命周期内应完全满足其功能需求，不会出现影响其正常使用的问题，如过大的变形或裂缝，并且在某些条件下，它还应能够满足改建或再利用的需求。

（二）节约环保

在人类文明的长河中，尤其是近一个世纪以来，随着工业化的飞速发展，人类对地球资源的利用达到了前所未有的规模，这种快速的扩张和资源消耗导致了许多问题，如油、电、气和粮食的短缺，使全球经济面临资源紧张的困境，资源节约和环境保护已经成为现代社会的迫切需求，也是绿色建筑的基石。

绿色建筑的环保特性不仅体现在对物质资源的明显节约上，还涉及对时空资源的隐性节约，如通过绿色建筑，可以创造出优质的室内空气环境，降低人们的疾病发病率。这有助于提高人们的身体健康，改善他们的心理状态和工作情绪，进而显著提高工作效率。这种对人的时间和健康的节约是难以量化的，但其价值是无可估量的。

（三）健康舒适

随着社会的发展和人们生活品质的提升，健康与舒适性逐渐成为人们关注的焦点，也是绿色建筑的核心特点之一。绿色建筑的目标是在有限的空间中为居住者创造一个适宜的环境，全方位地提升居住和工作的品质。这既满足了人们的生理需求，也考虑到了他们的心理健康和卫生需求，构成了一个综合性的系统观念。

（四）安全可靠

安全性与稳固性不仅是绿色建筑的基石，也是人们对于其居住和工作场所的基本期望。建筑的初衷是为人类提供一个生存和发展的"避风港"，这体现了人们对建筑师的期望，希望他们能够充分考虑到人性、关爱、责任和使命。这种期望是每一个与建筑相关的人的共同愿景。

绿色建筑的安全性与稳固性强调对生命和健康的尊重，所谓的安全性与稳固性，意味着绿色建筑在经过规范的设计、施工和维护后，能够抵御各种可能的意外因素和环境变化。对于绿色建筑的这一特性，需要在设计阶段进行全面的考量，并确保相关人员了解并遵循相关的安全指导。此外，绿色建筑的安全性与稳固性不局限于建筑结构本身，还涉及建筑的多元化功能和系统性，包括对建筑的各种设施、设备，以及其环境（例如消防、安全防护、防空、管道、电气和卫生等）的安全和稳固性的考虑。

（五）自然和谐

第一，绿色建筑与自然的融合是中国古老的"天人合一"哲学思想的现代体现，在这里，"天"是指周围的自然环境，"人"则代表着与这个环境互动和影响的主体。这种关系揭示了人与自然之间的辩证统一，其中人类代表了宇宙中所有矛盾和变化的最终体现，没有"天"，所有的存在和变化都将失去其基础；而没有"人"，这些变化和矛盾将无法被认知。只有人类能够真正理解和利用这些矛盾，而自然为人类提供了这些矛盾的物质基础。为了实现人类的长远和可持续的发展，所有的人类活动，包括建筑，应该与自然和谐共存。绿色建筑的目标就是确保建筑活动与自然的规律相协调，实现人与建筑与自然的和谐共生。

第二，与自然的融合也是美学的核心，只有当建筑与自然完美融合时，真正的美才得以体现。真正的美来源于自然，美的本质就是和谐，一个和谐的社会需要共同的信仰和文化精神作为支撑，而共同的审美追求则为创造和谐的艺术环境提供了灵感。从美学的角度看，绿色建筑与自然的融合特质是其在建筑领域的美学体现。

（六）低耗高效

低耗高效是绿色建筑的核心属性，它从两个维度满足了构建"双型社会"（资源节约型社会和环境友好型社会）的基本需求。绿色建筑的这一特性确保了在采暖、空调、通风、采光、照明、太阳能、用水、用电和用气等方面，能够在减少需求的基础上，对所需资源进行高效利用，同时也强调了根据地理和实际情况进行建筑设计的重要性。

（七）绿色文明

绿色文明涵盖绿色经济、绿色文化和绿色政治三大领域。其中，绿色经济为绿色文明打下了坚实的基础；绿色文化是绿色文明的高峰，它鼓励每个人采纳绿色的生活和工作方式；而绿色政治为绿色文明提供了坚强的后盾，它主张为人民创造福祉、确保社会的持续稳定，并避免暴力冲突。绿色文明的实现依赖于绿色公民的参与，只有当大多数人成为绿色公民时，绿色文明才能真正地繁荣并持续下去。绿色文明的核心目标是确保自然生态和人类生态之间的平衡，以及人类与自然之间的整体和谐，它追求的是可持续的财富增长和持续的幸福生活，而不是以牺牲自然和人类生态为代价的无节制的物质追求。因此，绿色文明成为绿色建筑的一个不可或缺的特质。

（八）科技先导

城市发展的经验，无论是国内还是国外，都明确地表明，现代绿色建筑融合了新技术、新方法和新材料，代表了尖端的建筑科技进步。以科技为引领成为绿色建筑的核心特点之一。

绿色建筑不是简单地采用高新技术或者对新概念的追捧，而是将建筑节能、环保、智能化和绿色建材等多种先进技术根据具体情况、实际需求和经济考量进行综合和整合。科技在绿色建筑中的角色，不单纯是引入最新的技术，更重要的是确保这些技术能够在绿色建筑中充分展现其潜力，使得整座建筑如同一个有机体，运作得更为高效和和谐。因此，评估绿色建筑的时候，除了考察其所采用的技术先进性，还需重视这些建筑如何综合运用这些技术，以及这种综合应用带来的整体效益。

三、绿色建筑与中国式现代化

绿色建筑作为中国式现代化的重要组成部分，强调建筑与自然环境的和谐共生。绿色建筑不只是为了减少建筑对环境的负面影响，更是为了创造一个健康、舒适、可持续的生活环境。中国式现代化强调经济、社会和环境的协调发展，而绿色建筑正是这一理念的具体体现。通过采用节能环保的材料、优化建筑设计、利用可再生能源等手段，绿色建筑可以显著降低能源消耗和碳排放，减少对自然资源的依赖。同时，绿色建筑还注重建筑内部的环境质量，如空气质量、采光和噪声控制，以提高居住者的生活质量。这既符合中国可持续发展的战略目标，也为全球生态文明建设贡献了中国智慧和中国方案。

绿色建筑的推广还推动了相关产业的发展，促进了经济转型升级。在绿色建筑的发展过程中，新材料、新技术和新工艺的不断应用，带动了建筑行业的技术进步，也推动了相关产业链的创新和发展。例如，节能玻璃、太阳能板、智能控制系统等绿色建筑技术的应用，提高了建筑的节能环保性能，也促进了相关高科技产业的发展。另外，绿色建筑项目的实施需要大量专业人才，这也推动了绿色建筑教育和培训体系的完善，为社会培养了一批具备绿色建筑理念和技能的专业人才。可见，绿色建筑是实现中国式现代化的重要途径，也是推动经济高质量发展的重要引擎。

第二节 传统建筑的绿色观念与特征

一、中国传统建筑体现的绿色观念

（一）"天人合一"——一种整体的关于人、建筑与环境的和谐观念

相比之下，中国人的祖先具有早熟的"环境意识"，这是因为古代中国社会以农业为主导。在农业生活的熏陶下，人们渴望与自然和谐相处，期待风和日丽、五谷繁盛。与人类生活密切相关的自然元素，如天空、大地、日月、风云、山河等，均被视为值得尊敬的对象，这种对自然的尊崇，经过时间的沉淀，逐渐形成了中华民族深厚的文化心态，哲学上称为"天人合一"的思维方式。

"天""地"和"人"这三者，虽然各自有其独特的定义，但它们最终都融入了永恒不变的自然法则之中，所以"天人合一"描述的是人与自然之间的和谐关系，在这种关系中，人类既不试图征服自然，也不被自然所支配，而是与自然形成一个和谐的共生体。例如，《黄帝内经》中提到的"入室相扶感应说"和《周易》中的"人天共生"观点，都强调了人与自然之间的积极互动。这种"天人合一"的观念既代表了中国人的生活追求，又塑造了中华文化的核心精神。这种理念也对建筑这一文化的载体产生了深远的影响，成为其生态和审美观形成的关键因素。在传统的聚落和建筑设计中，人们总是强调与自然的和谐，追求与自然的融合，展现出对自然的尊重和顺应自然的态度。

（二）"中庸适度"——一种瞻前顾后的资源利用与可持续发展理念

"天人合一"的哲学思想为"中庸适度"的发展理念提供了指导。在中国文化中，为了达到与自然的和谐共生，人们相信必须对事物的变化

进行适度的控制和平衡，确保其持续稳定的发展。这种"中庸适度"的目标不是单纯的建筑目标，而是将建筑、经济和自然的承载能力综合考虑的全面目标，这种思维方式体现了辩证法的原则，强调事物的对立面之间的转化和变化，当事物的发展超出某一平衡点时，它会偏向两个极端，最终可能导致自身的反转。

自然资源是有限的，它们的分配和利用是零和的，即官方和民众之间的资源分配是相互排斥的。因此，应减少资源的浪费，尽可能延长资源的使用寿命，这揭示了"中庸适度"背后的深层含义，即在资源利用和可持续发展上展现出的前瞻性和远见。这种理念在中国的传统建筑中得到了体现，它是中国古代对绿色和可持续性思想的诠释。

二、中国传统建筑体现的绿色特征

（一）自然源起的建筑形态与构成

1. 气候、生活习俗与空间形态

传统住宅的空间设计深受当地的生活方式、民族心态和气候特点的影响，其中，气候特点会对前述因素产生影响，而且在现代建筑设计中也是至关重要的考量因子，具有普遍的区域特性。建筑是在各种自然环境中建造的，它可以是一个完全封闭的结构，也可以是一个完全开放的空间，在这两个极端之间，有许多可能的设计选择。气候的变化直接决定了人们的生活方式和习惯，这在建筑设计中表现为开放或封闭的空间形态。

在气候适宜的地方，人们更倾向于在户外活动，建筑设计中会有一个过渡空间连接室内和室外，如南方的厅井式住宅，这种灰色空间有遮阳功能，还能为人们提供休息、乘凉和社交的空间。而在干热或干冷的地区，人们更多地在室内活动，建筑的主要活动空间都在室内，与外部环境相对独立，建筑更为封闭。例如，北方的四合院或吐鲁番的高台式住宅，这些建筑内部都有一个封闭的院子，用于采光、通风、遮雨和遮阳。为了应对恶劣的气候条件，中国的传统建筑还利用了地下空间，特别是在地质条件优越的黄土高原，如陕北的窑洞。

2. 自然资源、地理环境与构筑形态

建筑的构筑形态主要集中在建筑技术层面，通过建筑的实体部分如屋顶、墙壁、框架和门窗等来展现，这种形态涉及材料的选择和建筑的构造方法。显然，它与某一特定环境中可用的建筑材料紧密相连，尤其在人类文明的早期，由于交通和技术手段的局限，人们往往选择就地取材，充分利用自然资源，从而在某一地区形成独特的建筑体系。

建筑的构筑技术体现在对建筑材料的选择。从最初的天然材料（如泥土、木头、石头和竹子等）到后来的人工材料（如瓦片、石灰和金属等），古代建筑者不断地扩展了材料的范围。随着人工材料的引入，也产生了与之相匹配的结构方法和形式，以充分发挥这些材料的机械性能和保护功能。中国的传统建筑正是基于对材料的理解和需求来进行选择的，同时考虑到经济条件，努力使用各种本地材料，创造出丰富多样的建筑形态。在当时的社会、经济和技术背景下，木结构系统被认为具有很高的价值，所以中国传统建筑在木结构的应用和进一步发展中，积累了关于木材培育、选择、采伐、加工和保护的宝贵经验。

3. 环境意象、审美心理与视觉形态

人们的情感与思维方式往往由所处的自然环境和社交环境所决定，建筑也遵循这一永恒的环境规律，特定地点的视觉特质逐渐影响了在此生活的人们，使他们对该地环境产生了一种内在的"印象"，这种印象进而塑造了他们的审美观念，这些视觉特质也会在心理层面为人们带来舒适的感受。以南方的住宅建筑为例，其建筑色调偏向白色，在色彩理论中，白色归为冷色调，能够带给人一种心理上的清凉之感，这或许是南方高温地区偏爱使用冷色调而较少采用暖色调的原因。

（二）高适应性

1. 气候的适应

在湿热的低纬度地区，传统建筑的特点是陡峭的屋顶、轻便透气的围护结构和底部的架空设计，这些特点都是为了应对当地的多雨、潮湿和高温气候。而在高纬度寒冷地区，传统建筑展现出厚重、紧凑、低矮的特点，以确保良好的保温效果和抵御风沙的功效。对于干热的沙漠地区，建筑则更为内敛和封闭，采用遮阳和隔热设计，以调节室内温度，确保居住的舒适性。可以说，中国的传统建筑在其对气候的深入理解基础上，形成了与各地气候特点相匹配的建筑风格。

2. 地形地貌的适应

为了适应各种自然地形，传统建筑采用了多种策略和方法，这些策略不仅与各地的环境特点有关，还与当地文化、信仰和对舒适的定义息息相关。在古代，由于技术手段有限，人们往往无法大规模地改造自然环境，因此选择与之和谐共生。中国复杂的地形地貌对各种建筑，如村庄和聚落，产生了显著的影响。由于农业在中国传统文化中占据重要地位，大部分平坦土地被用作农田，而坡地和沟壑则成为住宅的理想地点。这些住宅往往是由各家各户独立建造的，所以在选择建筑地点时，他们更多地根据地势来决定，力求与自然地形和谐共存，以创造一个宜人的室外环境。

（三）可调适微气候环境

在中国，传统建筑（如北方的窑洞和南方的天井院）被誉为"冬暖夏凉"的理想居住场所，但是随着室内气候控制技术的飞速进步和广泛应用，现代建筑开始普遍依赖这种技术来实现舒适，然而这种对技术和能源的依赖所带来的恒定舒适度的代价是沉重的，它对生态环境造成了巨大压力，而且随着"空调病"的出现，人们开始关注空调环境对健康的潜在威胁。

　　这种恒定的舒适度并没有充分考虑人的个体差异、文化背景、年龄、性别等因素，也没有充分考虑气候、季节等外部环境因素，更为重要的是，它忽视了人们对温度的期望和心理状态对热舒适度的影响，因此并不能完全满足人们的需求。人体对温度的感知范围是有限的，特别是在静止状态下，如睡眠，在一个大范围的舒适空间中，只有人体直接感知到的那一小部分才是真正有意义的，而其他部分的舒适度实际上是被浪费的。例如，在冬天，如果一个人选择在靠近窗户的地方休息，而窗户的隔热性能不佳，那么窗户附近和远离窗户的地方之间的温度差异会很大，为了提高靠近窗户的温度，可能需要提高整个房间的温度。虽然整个房间的平均温度可能超过了舒适温度，但人体直接感知到的部分温度可能仍然低于舒适要求。为了获得舒适感，所付出的代价会非常高。

　　相比之下，中国的传统民居更加注重利用自然的舒适度来实现高效的舒适感，例如，北方的火炕就是一个典型的例子，在寒冷的冬季，尤其是在室外温度低至 −30℃ 的夜晚，传统建筑的外围结构由于隔热和气密性能有限，室内的窗户和墙角可能会结霜甚至冰冻，但是，当人们躺在温暖的火炕上时，他们的身体与火炕的表面接触，从而获得了理想的热舒适度。这种方式获得的舒适度的成本远低于通过集中供暖或空调来提高整个房间温度的方法。

第三节　绿色建筑发展的趋势

一、绿色建筑的可持续发展分析

　　建筑最初的目的是为人类提供遮蔽和保护，仅仅是其天然属性的体现，可以视为自然界的一部分，对生态环境的干扰相对较小。随着人口的膨胀，农业和建筑行业的扩张，大规模的森林砍伐和土地开发已对自然环境造成了伤害，逐渐超出了地球的生态容量，为了子孙后代的福祉，建筑行业必须坚定地走向绿色和可持续的发展道路。

绿色建筑的可持续性理念与当今国际社会追求的均衡发展目标相契合，它为解决现存的社会利益和政策矛盾提供了基础方针。具体来说，绿色建筑的可持续性理念遵循四大核心原则：代际公平原则、可持续利用原则、公平利用原则、一体化发展原则。

二、绿色建筑发展的前景分析

绿色建筑是资源和环境的结合体，其设计哲学始终关注资源的高效利用和与环境的和谐共生，对于绿色建筑的未来发展，可以从以下几个关键领域进行探讨。

（一）资源节约

未来的绿色建筑旨在最大化地减轻对地球资源和环境的压力，最大化地利用现有资源，鉴于建筑行业在生产和使用过程中需要大量消耗自然资源，并且考虑到地球上的资源将逐步减少，绿色建筑的目标是合理地分配和使用资源，以增强建筑的持久性，避免不必要的资源浪费，减少废物的产生。

（二）环保

随着社会的进步，环境遭受的破坏日益加剧，其中建筑活动对环境的伤害占据了重要的份额，传统的建筑方式往往采用商品化的生产方法，设计过程中主张标准化和产业化，而对环境的考量往往被忽略，与此相反，绿色建筑注重与当地文化、自然和气候的和谐共生，致力于保护周围的自然资源和水源，避免过度的"人为干预"，并充分利用植被系统的调节功能，增进人与自然的互动。环境保护无疑将成为绿色建筑未来的关键发展方向。

（三）和谐

传统建筑的设计哲学往往是封闭的，意在将建筑与其外部环境隔离开来，但绿色建筑的理念不同，它旨在为人们创造一个适宜、健康和高效的内部空间，确保建筑与其外部环境和谐共生。这意味着充分利用当地的自然和人文资源，结合地方的传统文化和现代技术，展现建筑的实质和文化深度，强调人与人之间的情感联系。绿色建筑的内部和外部环境能够自我调节，实现动态平衡，与周边环境形成有机整体。从宏观角度出发，绿色建筑通过各种设计技巧，如借景、组景等，创造一个健康、舒适的居住环境，与周边的自然环境完美融合，强调人与环境的和谐共生。

第二章　绿色建筑设计概述

第一节　绿色建筑的设计理念

一、节能理念

（一）建筑节能的概念

节能，从本质上说，是用最小的能源达到理想的生活水平，具体到建筑领域，节能意味着在保证建筑舒适性的同时，对资源进行合理配置并提高其使用效率，涉及在建筑的规划、设计、施工和使用过程中，采用高效的采暖和空调设备、使用隔热和保温性能优良的新型围护结构材料，并对建筑的能源系统进行严格的运营管理。要大力推广可再生资源的使用，以确保在满足室内温度需求的前提下，减少因空调、供热、热水和照明等活动产生的能源消耗。为了达到减少建筑的能耗，关键在于实施建筑节能措施，通过在建筑项目中广泛应用新型材料和先进技术，实现降低建筑的总体能耗的目标。

（二）发展建筑节能的重要意义

推进建筑节能对于环境和社会都具有深远的影响，这有助于减轻环境污染，提高人们的生活品质，还可以缓解能源供应的压力，进而刺激国家经济的增长和扩大消费需求。为了构建一个和谐的社会、节约型社会，加强建筑节能是不可或缺的步骤，它是提高公民生活水平和实现可持续发展的关键路径。科学和合理地设计建筑的热工性能，优化各种系统，如制冷、制热、通风和给排水系统的效率，都是为了降低能耗，充分并高效地利用可再生资源是实现能源节约和提高建筑舒适度的核心目标。

现代的节能材料与传统建筑材料有所不同，它们代表了建筑材料的新时代。从材料的性质上看，这些节能新材料可以分为非金属、金属、化学和天然材料等类别。而从功能上看，它们涵盖了塑料及其相关辅助材料、墙体材料、门窗材料、装饰材料和保温材料等。强化这些节能新材料和技术在建筑中的应用，可以应对能源短缺的挑战，提高生态环境的整体质量。更重要的是，采用这些节能新材料和技术取代传统材料，有助于减少酸性气体和二氧化碳的排放，进一步提高人们的生活水平。

二、节约资源理念

（一）资源节约型社会的特征

追求和谐社会的核心路径之一是致力于创建一个资源节约型的社会环境，从更广泛的视角看，一个节约型社会是对和谐的追求和对节约的尊重的体现。从社会层面来看，如果不加节制地开发、利用和浪费各种生产资源，社会秩序将会受到严重干扰，经济发展也将受阻。而从个体层面来看，节约型社会鼓励每个公民采纳节约的生活方式和进行理性的消费。

（二）政府管理和社会运作节约是资源节约型社会政治生活的表现

为了确保资源的高效利用，决策机关和职能部门必须严格控制成本，提高运营效率，并确保决策的科学性和合理性，避免盲目行动。在现代快节奏的社会中，许多政府部门通过降低决策风险来减少资源消耗和节约能源，为了实现资源的最大化利用，关键在于抓住发展的机会，迅速并明智地做出决策，确保社会持续、健康地运行，并增强经济的稳定性。政府的节约型管理是资源节约型社会的基石，也是持续发展道路上的重要标志，从政府的视角来看，构建资源节约型社会有助于推进国家政治文明的进步。

（三）资源节约型社会建设中绿色建筑发展思路

1. 节约土地资源，开展集约经营

在建设资源节约型社会的背景下，与建筑工程项目相关的企业必须严格遵循国家的法律和法规，确保土地资源的合理利用，避免浪费。这要求企业在开发和利用土地资源时，必须严格遵守国家设定的土地使用标准和定额。地方政府和土地管理机构也应当坚决执行国家的相关政策和法规，努力开展土地管理工作，包括加强对集体建设用地的开发管理，采纳集约化的经营和管理策略，以提高土地资源的使用效率和价值。通过在土地管理中实施集约化经营，可以提高土地的使用效率，为建筑行业提供有力的支持，进一步减少土地资源的消耗。

2. 加强绿色建筑用地的合理规划

合理的用地规划可以确保土地资源得到最高效和可持续的利用，在规划阶段，应充分考虑土地的自然属性、生态价值和周边环境，确保建筑项目与其所处环境和谐共生。合理规划还可以促进绿色建筑与周边基础设施和公共服务的无缝对接，提高整体的生活和工作效率，通过对绿色建筑用地进行合理规划，可以引导公众对绿色建筑的认知和接受度，推动绿色建筑理念在更广泛的范围内得到普及和实践。

三、构建舒适与健康的生活环境理念

（一）室外环境

绿色建筑采纳了一系列先进的技术和设计理念，综合运用绿色配置、

自然通风、自然采光、低能耗围护结构、新能源技术、中水回收、环保建材和智能化控制等技术手段。利用这些技术可以营造良好的室外环境，提高人们室外活动的舒适度。

1. 绿色建筑与地域特征

建筑的存在与其所处的地域环境紧密相连，绿色建筑的设计应与其周边环境相协调，避免因其独特的风格而与周围环境格格不入，造成视觉上的不和谐。建筑的结构设计应考虑到当地的自然条件，如水文、气候和地形等，还需考虑地区的文化传统、习俗和经济状况，确保绿色建筑与其环境融为一体。

2. 绿色建筑的外部设计

为了让绿色建筑更好地利用自然的风和光，提升室内环境的质量，并确保与外部环境的和谐，建筑的朝向、间隔和布局设计显得尤为关键。例如，在夏季主要风向为东南的地区，建筑朝南可以确保夏天通风良好，冬天保持温暖，从而优化室内的空气和温度环境。朝南的设计还能确保建筑得到足够的阳光照射。设计师需要精确计算楼间距，确保光线不被遮挡。整体的建筑布局应有序，最大化地利用土地。

3. 绿色建筑的室外绿化设计

室外的绿化设计在绿色建筑中也起到了至关重要的作用，适当的绿化不但能够形成良好的小气候，调节温度、通风、空气质量和光照等环境因素，而且能够增加氧气的循环，有助于空气净化，维持生态平衡。绿地还能为建筑提供自然的空间划分和美化效果，既实用又具有观赏价值。室外绿化设计充分展现了建筑与自然之间的和谐关系。

（二）室内环境

室内环境直接影响着居住者的舒适感，绿色建筑的理念强调充分、高效地利用所有可用资源，根据地理、气候和文化特点进行建筑规划和设计。该方法通过采纳各种绿色技术，旨在提高室内舒适度，确保人们健康地生活，并为居住者提供高品质的生活环境。

1. 创造更为舒适的室内环境

从人的需求和舒适度出发，设计师应当深入研究并创造一个宜人的室内环境。人本设计理念在绿色室内设计中占据核心地位，它强调对人工和自然环境的深入研究，以更为科学和细致地满足人们在心理、生理和视觉上对室内环境的需求。

考虑到不同的人群和使用目的，设计应当有所区别，例如，为了方便残疾人，某些公共建筑在设计时会特别注意无障碍通道，如室内外的高度差异、无障碍卫生间等。对于幼儿园，窗台的高度可能会比常规设计低，以适应幼儿的身高；楼梯的踏步高度也会相应调整，并为儿童和成人设置不同高度的扶手。这些设计选择都是基于特定人群的行为和生理特点。

室内空间的色彩、布局和照明选择也应当满足人们的心理和生理需求。例如，会议室的室内设计应当传达出一种正式和庄重的氛围，娱乐场所则可以选择鲜艳的色彩和多变的照明，以激发人们的愉悦和兴奋情绪。

2. 回归自然

工业文明为社会和日常生活带来了无可比拟的便捷和进步，但随之而来的各种挑战也逐渐显现，绿色室内设计的出现正是对这些问题的回应，引起了现代人的关注。将绿色设计理念融入室内空间，无疑已经成为室内设计的未来方向，现代室内设计趋势正朝着创造节能、环保、生态和绿色的人性化环境发展，而为环境和能源节约承担责任也成为每位室内设计师的使命。

人们对室内环境的期望，主要集中在追求与自然的紧密联系、提高生活和文化品质，展现出个性、多样性和自我娱乐的特点。人本绿色室内设计是时代进步的体现，也是社会发展的标志，它在追求生态和环保的同时，也追求高品质的生活空间，目标是创造美观、舒适、安全的环境，并在其中加入有益的植物元素。具体来说，人本绿色室内设计应当选择高品质的环保建材，与专业的家装公司合作进行科学设计和规范施工，并在项目完成后提供权威机构的室内环境质量安全证明，同时在居住空间中摆放有益的植物。

绿色室内设计在满足人的需求的同时，更为高效地利用自然资源，重视生态和节能问题，为人们创造一个与自然和谐共存的健康舒适空间。随着绿色设计理念的普及，公众的环境保护意识逐渐觉醒。现代城市居民面临的高压生活也使他们渴望与自然接近，追求与自然融为一体的生活方式。

3. 使用绿色环保家具

家居装饰的核心应当是人的需求和舒适度，确保居住者健康和舒适，在设计过程中，家具的实用性、环保性和美观性都应被充分考虑。当消费者选择家具时，虽然他们的个人喜好起到了决定性的作用，但选择不应仅基于个人情感。家具在家居空间中既要满足实用和审美需求，又要确保其材料和使用方式是安全的。例如，家具可以由木材或皮革制成，但这些材料可能释放甲醛等有害物质，购买时应选择高质量的材料。

在家具的布局上，也有一些需要注意的点。例如，沙发的位置通常不应直面大门，当大门打开时，外部的人可以直接看到室内的情况，这可能会给居住者带来一种暴露和不安全的感觉，这种布局方式可能会对居住者产生不利的心理影响，与人本的绿色室内设计理念不符。

节约型的家居布置也是绿色室内设计的一大特色。例如，制作个性化的家居配饰不仅可以重新利用旧家具，还能有效地节约自然资源；既体现了对环境的尊重，也为家居空间增添了独特的个性和魅力。

第二节　绿色建筑的设计要点

绿色建筑的设计主要包括以下三点，如图 2-1 所示。

图 2-1　绿色建筑的设计要点

一、环境优化设计

（一）光环境设计与优化

1. 建筑光环境控制的特点

建筑中的光环境涉及光的照度、分布、照明形式，以及与之相关的颜色属性，如色调、饱和度、室内颜色布局和颜色呈现，这种环境与房间的形状紧密相关，并对处于其中的人产生生理和心理影响，通过最佳的方法和效果对光环境进行调控，可以为人们创造一个优质的生理和心理环境。在建筑光学领域，光环境是一个核心研究主题，一个良好的建筑光环境能够为居住或工作其中的人们带来正面的心理和情感体验。例如，在公共空间，合适的光环境可以营造出舒适、高雅、充满活力的氛围，而在工作或生产场所，恰当的光环境可以提振人们的精神，提高工作效率和产品品质。

目前，光环境的控制主要有三种基本方式：

（1）人工控制。这种方式是指人们根据自己的需要手动开关灯具，这种方法在许多生活和工作场所都很常见，但它也存在明显的缺陷，因为它完全取决于个人的节能意识和责任感。虽然有些人可能会更加节能，但许多人可能对节能并不太关心，导致能源浪费。

（2）预设时间控制。这种方式是根据人们已知的作息时间来自动开关灯具，与人工控制相比，该方法可以在非工作时间避免能源浪费，但它也有局限性。例如，在光线充足的日子，即使不需要开灯，灯具仍可能会亮；而在非工作时间需要工作时，灯具可能无法开启，这给人们的生活和工作带来了不便。

（3）自动控制。该方式涵盖了多种控制策略，系统根据预定的硬件和软件设计来操作灯具，如智能百叶窗控制、红外线感应控制、总线控制等。自动控制方式具有许多优势，但不同的控制策略也有其特点。

综合上述三种控制方式，显然自动控制方式更具优越性。然而，各种自动控制策略也有其独特之处。下面提议一种基于图像处理的光环境控制策略，旨在优化公共建筑的照明光环境。

2. 基于图像处理的光环境控制优点

数字图像处理的探索始于 20 世纪 50 年代，并在 20 世纪 60 年代初逐渐成为一个独立的学科。随着计算机技术的飞速进步，全球各地开始运用计算机处理图形和图像信息，使数字图像处理技术在多个领域得到了广泛的应用。最初，数字图像处理的主要目标是提高图像质量，但随着电子技术和集成电路的迅猛发展，人类活动领域的持续拓展，图像处理的应用范围也相应地扩大了。如今，这项技术已在生物医学、通信、军事、航空航天等领域得到了成功的应用，成为众多专家和学者关注的焦点。

将图像处理技术融入智能照明领域，无疑带来了许多益处。随着闭路电视和监控摄像头在日常生活中的广泛使用，图像处理技术更容易融入人们的日常生活，在工作和学习的环境中，结合图像采集与光环境控制可以实现资源的节约和光环境的便捷控制。此外，基于图像处理的光环境控制方法在操作上也解决了传统照明控制方案的一些问题，通过采用图像处理技术，可以采集和传输目标区域的图像，然后通过特定的算法检测照度，并识别图像中的人数和位置，从而实时地调整目标区域的光环境。

与传统的智能照明系统相比，这种新方案解决了硬件系统在成本和安装上的问题，提高了系统的准确性，降低了误判率和功耗。鉴于目前这种智能照明方案的研究还相对较少，在这个领域进行深入研究显得尤为重要。

3.绿色建筑的光环境控制

（1）绿色建筑对室内光环境的控制要求。绿色建筑在室内光环境的设计与控制上有以下明确的要求：

第一，优化建筑的朝向，确保最佳的采光性能，并充分利用天井、庭院和中庭等结构，让自然光照射到室内主要活动区域。

第二，使用自然光调节设备，如反光板、反光镜和激光器等，以改进室内的光线分布。

第三，确保办公场所和居住区域的窗户都能提供优美的风景。

第四，在室内照明设计中，优先考虑自然光的利用。如果室内条件不允许自然采光，可以考虑使用光导纤维技术，最大化地利用日光，从而在白天减少对人工光源的依赖。

第五，照明系统应采纳分区控制和场景设定等技术，确保光源的合理使用，避免浪费。

第六，设计分层的照明方案，结合基本照明和特定区域的照明，以满足不同的照度标准和需求。

第七，提供可调节的局部照明，旨在支持使用者的健康和照明效率。

第八，选用高效且节能的照明设备，如光源、灯具和相关电器配件。

（2）绿色建筑室内光环境的策略方向。为了创造对人体生理和心理都有益的绿色光环境，除了确保适当的照度和亮度，室内的光分布也是关键。光环境会影响工作的效率，还会影响整体的室内氛围，一个健康舒适的光环境应该包括以下几个方面：均匀的亮度分布；有效的眩光控制；照度的均衡性。这样的环境易于观察，还能确保安全、美观，并为居住者提供一个健康的生活空间。

（二）空气环境设计与优化

1.绿色建筑的室内空气品质控制要求

绿色建筑在室内空气品质方面有明确的控制标准。

（1）对于需要自然通风的建筑，常人居住或工作的区域应确保有良好的通风条件。这可以通过优化建筑设计来实现，如使用可开启的窗户、利用横向和纵向的风流等。

（2）风口的布置应合理，确保气流组织得当。同时，需要采纳措施预防空气串流和逆流，结合全局和局部的换气方式，确保如厨房、卫生间和吸烟区等污染较重的空气不被循环使用。

（3）室内的装饰和装修材料应遵循《民用建筑工程室内环境污染控制规范》（GB 50325—2020）的标准，以确保对空气质量无不良影响。

（4）推荐使用满足室内空气品质标准的环保型装饰和装修材料。

（5）对于安装集中空调的建筑，建议配置室内空气质量监测系统，以保障居住者的健康和舒适度。

（6）应实施措施，预防室内结露和霉菌滋生，确保空气清新和健康。

2.绿色建筑的室内空气品质的优化

绿色建筑在室内空气品质控制上的要求强调了采纳有效手段与自然通风的结合，以及选择健康和环保的室内装饰材料，以确保室内空气的清新和健康。室内空气质量受多种因素影响，如室外的空气污染、建筑和装修材料的选择、新风的引入量、由空调系统带来的霉菌和其他污染物、气流在单一和多个区域的组织、家居和办公设备、室内燃烧和烹饪产生的油烟、家庭用化学品、吸烟行为以及人们的日常活动等。建筑的完整生命周期，从规划设计、施工、验收评估到运营管理，都需要考虑并实施室内空气质量的控制策略。这种全方位的控制策略被视为当前解决室内空气污染问题的一个有效且实用的方法。

（三）声环境设计与优化

1. 噪声的来源

噪声的产生有多种原因，经过多次反射的声波可能导致部分噪声失去明确的来源。环境噪声是对特定环境中所有噪声的总称，它构成了人们生活空间的声音背景。对于城市住宅来说，噪声主要来自室外和室内两大来源。

（1）室外噪声。这类噪声主要包括施工、工业、交通和社区生活产生的噪声。

第一，施工噪声。由于建筑工地上使用的施工设备众多且声源复杂，控制其噪声成为一大挑战。工地上的持续施工和大型机械的震动导致噪声水平很高，经常引起居民的不满。施工噪声的特点是突然、冲击性和不连续。

第二，工业噪声。工业革命的进程中，机械逐步替代了手工，大型机械在运行时由于震动、摩擦和撞击都会产生噪声。这种对工厂工人和附近居民造成的低频、高频噪声被称为工业噪声。根据产生的原因和方式，工业噪声可以分为机械噪声和空气动力噪声。机械噪声是由于机械的撞击、摩擦和旋转产生的，如织布机和电锯。空气动力噪声是由于气体压力突然变化导致的气流扰动，如鼓风机、汽笛和喷射器。根据产生的状态和形式，工业噪声还可以分为连续和间歇、稳态和脉冲噪声。由于噪声源的性质、分布、数量，以及是否采取了防护措施和其效果等因素，不同工作环境中的工业噪声在强度和频谱特性上有很大的差异。

第三，交通噪声。城市中的交通噪声已成为主导的环境噪声来源，其特点是持续、强烈且影响广泛，成为环境噪声治理的核心难题。随着国家经济的飞速发展和居民生活水平的提升，城市中的机动车数量急剧增加，机动车，作为交通噪声的主要制造者，使这一问题变得越来越突出。道路交通产生的噪声与车辆数量、速度及类型紧密相关，同时也受到道路质量、周边建筑、绿化和地形的影响。值得注意的是，虽然汽车鸣笛是短暂的，但其噪声强度相对较高，频繁的鸣笛无疑加剧了噪声污染。

第四，社区生活生产噪声。这类噪声主要源于日常生活中的各种活动，如市场交易、街头广告、学校活动以及休闲娱乐场所等。随着城市人口的流动和集聚，这种噪声也在逐渐增多，日常生活中，如电梯的启动、水泵房的运转，以及空调外部设备的工作等都会产生噪声。近些年，随着社区生活噪声的持续增长，其对环境的影响也逐渐受到了广泛关注。

（2）室内噪声。这类噪声主要包括家用电器噪声、生活噪声、设备噪声等。

第一，家用电器噪声。家中常用的电视机、冰箱、洗衣机、吸尘器等都会产生噪声。不同的家电产生的噪声大小不同，通常冰箱噪声为 35～50 dB（A），空调为 50～68 dB（A），洗衣机为 50～70 dB（A），吸尘器为 60～80 dB（A），电视机 60～80 dB（A）。

第二，日常生活中的噪声。在建筑物内，生活噪声往往是由于邻居间的活动而产生，如音乐、电视声、公共风道中的声响，以及排水管的流水声。其中，楼上住户产生的撞击声对下层住户的影响尤为明显，噪声水平可达 44～55 dB（A）。

第三，机械设备的噪声。这类噪声主要来源于电梯、水泵等设备的运行。在某些住宅小区中，相关设备和社区服务设施可能位于建筑的地下或楼顶。尽管如此，这些设备产生的噪声仍然可以通过各种方式，如管道、楼板或墙体等，传播到室内。

2.绿色建筑的隔声降噪措施

（1）门窗的隔声降噪措施。在绿色建筑中，门窗往往是外部噪声进入室内的主要通道，其在整个建筑中的隔音性能相对较弱，在设计阶段需要特别关注提高其隔音效果。影响建筑外窗隔音性能的因素包括窗户的大小、所用材料、封闭性、结构以及附属配件的性质，在各种类型的窗户玻璃中，考虑到相同的面积和质量，双夹层中空玻璃的隔音效果最为显著，其次是单夹层中空玻璃，然后是夹层玻璃，接着是单片玻璃，而中空玻璃的隔音效果最为有限。为了提升窗户的隔音效果，设计或改造窗户时可以考虑以下策略：采用夹层玻璃以增强声音的阻隔效果，增加玻璃和空气层的厚度，确保在窗户的安装和施工过程中使用的五金配件和密封材料质量上乘，选择具有长久耐用和良好密封性的材料，确保建筑的外窗具备优越的隔音性能。

（2）墙体的隔声降噪措施。绿色建筑在墙体的隔声设计上持有更为严格的标准。由于不同的墙体类型需要采纳不同的隔音措施，因此在施工过程中，墙体的物质、电线管道及开关的布局等都对室内的隔声效果产生了深远的影响。为了优化墙体的隔声性能，施工时可以从以下两个角度进行：

第一，确保墙体的质量。墙体的物质直接关系外部与内部声音对建筑内部的影响程度，在墙体施工时，必须确保使用的砌筑砂浆充分且均匀，严格按照设计要求进行抹灰，确保抹灰的厚度和品质都达到标准。墙内的开关位置应当被隔声毡所包围，并对其进行严密的封闭。为了避免声音通过墙体的小孔或裂缝传播，应避免在墙的两面在相同位置设置开关盒。

第二，优化穿越墙体的管道设计。穿墙管道对建筑的隔声效果有着显著的影响，在施工中，应为穿墙管道配备套筒，并确保套筒与墙体之间的缝隙用玻璃棉或其他材料填充，然后使用水泥砂浆进行封闭。同样，套筒与管道之间的缝隙也应被填充并用密封胶条封闭。

（3）楼板的隔声降噪措施。为确保绿色建筑的声环境品质和隔音效果，建筑的楼板隔声处理显得尤为关键。但是不同类型的建筑对隔音的需求各不相同，如住宅、办公楼和商业建筑在隔音标准和其周围声环境的质量上都存在明显的区别，故应根据建筑的具体性质来制定相应的隔声策略。

对于隔音需求较为严格的住宅建筑，常见的做法是采用浮筑楼板技术来提高隔音效果，通过使用弹性材料和组合方式，可以实现声音的隔离和减震，有效地降低楼板之间的声音传递，减少楼层间的噪声干扰。在进行浮筑时，需要注意的是，浮筑楼板与周围的墙体之间应避免过多的刚性连接，以防止形成"声桥"，导致声音的传播。如果楼板上安装了龙骨，那么在施工时应确保龙骨不直接与楼板的基层接触，并且在安装时避免使用铁钉直接钉入弹性垫层，这样才能确保楼板的隔音效果达到最佳。

除了楼板的处理，建筑内部还可以采用其他措施来增强隔音效果。例如，可以使用具有吸声和隔音功能的隔断，或者选用能够吸收和降低噪声的吊顶材料。

二、简单高效发展设计

（一）绿色建筑设计中简单高效发展的价值

集约设计的核心思想是在最大化利用所有资源的前提下，采用更加集中和合理的设计策略，以实现空间和能源的最佳效益，从而增强建筑的绿色特性。集约化理念在绿色设计中的价值主要体现在以下三个方面：

1. 空间使用效能的提高

（1）建筑空间使用效能的定义。"效能"通常是指事物的效果和功能，也可以理解为某种事物所具有的积极影响。这一概念在多个学科领域都有所应用。例如，在管理学中，效能被定义为选择并实现合适目标的能力，即完成任务的能力；在教育学中，其被视为从教育方法（或过程）到目标的转化过程；而在建筑领域，空间使用效能有双重意义，一是它代表建筑空间所固有的价值，二是它涉及空间使用过程中所带来的正面效果，即空间的实际使用效果和空间本身的活跃性。具体来说，空间的实际使用效果是基于设计师为其设定的功能价值和空间品质是否得到用户的认同来评估的。而空间的活跃性关乎建筑在时间、功能和使用人群等方面是否能充分发挥其属性，以达到最高的使用效益。

（2）空间使用效率与空间使用效能的区别。空间使用效率与空间使用效能之间存在明显的差异。空间使用效率主要关注空间在一定时间内的使用频率，而空间使用效能更多地强调空间本身的高效使用特性。可以说，空间使用效能是提高空间使用效率的关键因素，而建筑空间的使用频率则是衡量空间效能的标准。

（3）提高空间使用效能的策略。集约化设计的目标是优化空间使用效能。建筑设计本质上是对空间的塑造，而空间行为涉及行为主体、行为活动和行为时长。为了增强空间的使用效能，可以从以下三个维度进行考虑：

①增强建筑空间的多功能性。通过融合多种功能于同一空间，鼓励空间的共享和联合使用，确保空间能够适应多样化的行为需求，提高空间的功能适应性。

②拓展建筑空间的受众范围。确保空间能够满足不同用户群体的特定需求，增加空间的用户适应性。

③提高空间的灵活性和适应性。考虑到随时间变化的行为需求，使空间具有更好的适应性和变化能力，延长空间的使用寿命，并增强其在不同时间段的使用价值。

（4）提升空间使用效能对绿色建筑的意义。这主要体现在两个方面：一是单位时间内空间的使用频率得到提升，二是建筑的整体使用寿命得以延长。

当单位时间内的空间使用频率增加时，在同样的时间段内，建筑所消耗的资源和能源得到了更高效的利用。另外，如果建筑的整体使用寿命能够延长，那么在建筑的建造和拆除过程中所消耗的资源和能源的效益也会得到提高。更进一步讲，如果在总体使用人数保持不变的情况下，单个空间的使用人数增加，那么所需的建筑空间就会减少，节省了建筑材料，减少了总体能耗，并降低了建造过程的环境影响，这无疑增强了建筑的绿色属性。因此，提高建筑空间的使用效能不仅可以提高空间的内在价值，还有助于实现建筑的可持续性目标，使建筑设计在绿色建筑领域中发挥更大的作用。

需要注意的是，有些所谓的"绿色建筑"过于关注建筑本身的绿色和节能标准，忽略了从更宏观的社会层面对建筑的整体效益进行评估。例如，一座建筑可能在绿色评级中得分很高，但如果它长时间处于空置状态，那么它的绿色属性就没有为社会带来实际的效益，相反，这样的建筑反而消耗了宝贵的资源。从这个角度看，一个长期未被使用的建筑，无论绿色评分如何，其实际的绿色水平都是有限的。因此，从提高空间使用效能的角度出发，确保建筑真正实现绿色和可持续性，是当前建筑设计应该追求的目标。

2. 减少建筑资源的浪费

一方面，绿色建筑通过使用可再生或回收的材料来最小化对自然资源的依赖，这些材料通常包括再生钢铁、回收的混凝土及再利用的木材，这既减少了建筑垃圾，也降低了制造新材料所需的能量和资源。并且绿色建筑在设计阶段就考虑到了材料的生命周期评估，优选那些拥有较长使用寿命和可循环利用能力的材料，能够减少未来更换和维修的需求。

另一方面，绿色建筑设计注重建筑物的能源效率，通过合理布局和采用先进的节能技术，减少能源浪费。例如，通过优化建筑朝向和窗户布局来最大化自然光照利用，减少人工照明的需求；安装高效的绝热材料和能源回收系统，如地热泵和太阳能板，可以大幅度降低建筑的供暖和冷却能耗。

3. 优化空间环境的品质

绿色建筑通过自然采光和通风设计优化空间环境的品质。合理的窗户布局和建筑朝向能使自然光的利用最大化，减少对人工照明的依赖，也能改善室内空气质量，减少能源消耗。如使用大窗户和天窗带来充足的日光，可以降低白天的照明需求并提供良好的视觉舒适感。利用建筑的热动力学原理设计有效的自然通风系统，可以有效地调节室内温度，减少对空调和暖气的依赖，创建一个更加健康和可持续的居住或工作环境。

绿色建筑设计还包括使用环境友好材料和增加室内绿化来提升空间品质。选择无毒或低毒的建筑和装修材料，如低挥发性有机化合物（VOC）的油漆和涂料，可以显著减少室内空气污染，对居住者的健康产生积极影响。同时，室内绿化不仅能美化环境，还能通过植物的光合作用提高空气质量，增加室内的氧气水平。绿色植物的引入还能降低心理压力，提高居住和工作的满意度和生产效率。

通过这些措施，绿色建筑设计实现了环境与人文关怀的融合，提升了建筑的功能性和经济性，也提高了居住者和使用者的生活和工作质量，真正做到了简单而高效的发展。

（二）绿色建筑设计中简单高效发展的原则

要确保绿色建筑设计的简单高效，就需要遵循以下几大原则，如图2-2所示。

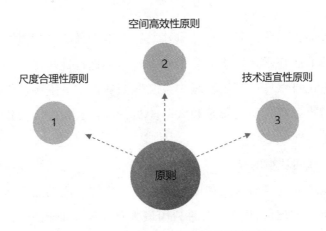

图 2-2 绿色建筑设计中简单高效发展的原则

1.尺度合理性原则

（1）建筑内部空间。建筑内部的功能性空间是为满足使用者的日常活动而设计的，因此，基于居住功能的需求，对这些空间进行合理规划至关重要。空间的尺寸一方面取决于使用者的数量、功能需求和行为模式；另一方面直接影响使用者的心理体验，为了确保空间能够满足各种建筑类型的使用者的生理和心理需求，对空间的尺寸进行细致的设计是必要的，这样可以为使用者提供更为专业和个性化的空间体验，提高空间使用的满意度。

然而，随着社会和经济的进步，人们对于大型空间的追求导致了许多不必要的空间浪费。例如，住宅设计应该给人一种温馨和舒适的感觉，但过大的空间使得在建设和购买过程中消耗了更多的资源，在使用过程中也失去了那种亲密和安全的感觉。合适的空间尺寸则可以避免不必要的空间浪费，还可以提高建筑的使用效率，减少能源和资源的消耗。当空间的形态已经确定时，可以通过空间的划分，确保功能性的同时，增加空间的活跃度和吸引力，提高空间的利用率。例如，大型商业综合体为了展现其宏伟的建筑风格而设计了大尺度的公共空间，但如果实际的人均使用面积超出了合理范围，可能会因为缺乏私密性和舒适感而导致人流稀少。同样，为老年人设计的建筑如果空间过大，可能会对他们的活动和安全产生不利影响；剧院和音乐厅如果空间过大，可能会影响声音的传播效果。

空间的尺寸还可以为空间赋予不同的特性，如开放性、私密性、宽敞性、局限性、灵活性或规整性。设计师可以通过调整空间的尺寸来引导使用者的心理和行为，使建筑的空间与使用者产生互动。

（2）建筑外部空间。设计元素并不是孤立于场地和城市的背景中的，一个场地内的恰当空间尺度反映了它与周边自然和城市环境的和谐关系，而场地中的外部元素，无论是为了衬托还是形成对比，都会影响人们对主体建筑的心理体验。场地中的道路、景观、广场等空间元素的尺度应基于其功能、主体建筑的尺度、附近环境和城市的整体尺度来设计，以便满足人们的行为和安全需求，增强人们的空间体验，提高空间的利用效率。

2. 空间高效性原则

（1）功能复合。基于集约化思维的建筑策略强调功能的整合，该设计方法追求提升建筑空间的多功能性，以减少对额外空间的依赖，实现真正的集约化。为了适应城市快速发展带来的不断变化的空间需求，建筑空间应具备动态和灵活的特点，这种多功能性设计理念旨在为建筑创造一个既能满足当前需求又能适应未来变化的空间。

为了实现这种功能的复合性，需要对空间进行多功能设计，这表明一个空间应该满足多种功能需求。可以通过对空间的尺寸、形状和室内环境进行细致的分析，确定哪些功能可以在同一空间内共存，并通过恰当的家具选择、摆放和空间分隔来实现。设计师在设计过程中应该预测未来的空间需求，进行前瞻性的设计，功能复合性的设计还可以借助于模块化建造技术或灵活的空间分割方法，通过技术的辅助和合理的空间布局，使建筑的多功能性更为明确和实用。

集约化的建筑设计方法的核心是通过有机地整合建筑内的功能，减少对单一空间或总体面积的需求，提高空间的使用效率。这有助于减少资源的浪费，降低能源的消耗，满足当前的需求，并为未来的变化留下足够的空间，确保建筑始终保持其高效和实用性。

（2）空间紧凑。空间可分为三大类：使用空间、公共辅助空间和交通空间。在建筑设计中，可以针对不同的空间类型进行集约化设计。在建筑布局中则包括室外景观空间、庭院空间及入口广场空间。对于那些主要供人们停留的空间，设计时应确保不会妨碍流通，并且要考虑使用者的心理需求。根据人们在这些空间中的行为和使用者的种类，设计师需要平衡空间的私密性与开放性，以增强空间体验，并确保其高效使用，对于室外的停留空间，应注重其开放和共享的特性，以促进功能的共享。

公共交通空间，如走廊和楼梯，以及与建筑相连的道路，都是交通空间的组成部分，在设计这些空间时，应确保流线的流畅性和效率，使人们能够迅速地穿越，减少流通时间并提高流通效率。这些空间的设计还应当人性化，根据预期的人流量来确定，以减少不必要的空间浪费。交通空间和驻留空间可以巧妙地结合，进一步提高建筑的整体空间效率。

根据功能对空间进行灵活布局，也有助于减少空间的浪费。空间元素的组合通常依赖于重复、交错两种基本策略：重复是通过有规律地排列基本空间元素，如串联、翻转或并联，来创造出有序和庄重的空间关系；交错是将这些元素以不规则的方式组合，创造出丰富多样的空间体验，增强空间的层次感。集约化设计理念鼓励使用灵活的空间组合来创造紧凑的建筑形态，通过考虑空间的方向、尺度和形态，设计师可以在满足使用者功能需求的同时，利用紧凑的空间布局来减少不必要的空间浪费，提供丰富的空间体验。

3. 技术适宜性原则

在这里，所谓的"技术"并不是指具体的建筑工艺或技能，而是涉及策略和方法的选择。随着社会的快速进步，实现特定目标的路径变得多样化。适宜性原则强调：在面对各种层次、程度和目标的策略与方法选择时，建筑师应综合考虑城市的社会、经济、人口、文化和地理背景，以及周围的环境特点，做出灵活而合适的选择，而不是盲目追求创新或高端。

设计的评价因其所处的地理位置、使用者的特性、地区的发展状况等因素而异。在设计过程中，根据具体的设计和建设环境，选择与项目相匹配的设计策略是至关重要的。遵从技术适宜性原则有助于减少在建筑的建设和使用过程中的资源开销，避免不必要的人力和物力投入，从设计初期就降低冗余的消耗。

三、健康舒适设计

(一)资源使用与环境舒适度的关系

建筑的核心目标是创造一个"舒适"的生活环境,这种"舒适"的定义可以通过环境中的"气、水、声、光"四大要素来具体评估。为了确保建筑空间的舒适性,必须投入各种资源,如建筑材料、水和能源。绿色建筑的理念是在确保环境舒适性的同时,最大限度地减少资源使用和环境污染,使其达到"人本"和接近自然的"低消耗舒适"的标准,其中涉及两个核心问题:一是如何为"舒适度"制定量化标准;二是选择何种技术手段来达到这一"舒适度"。

正如之前提到的,"气、水、声、光"是评价环境品质的四大基石,它们与人体有直接的互动,而人们对这四个要素的舒适度都有明确的量化评价标准,可以将这种抽象的"舒适度"具体化,进而建立舒适度与资源消耗之间的数值模型,实现"低消耗舒适"的设计目标。在这里,"气、水、声、光"四要素是连接的桥梁,而正确的绿色建筑设计哲学和方法则是实现绿色建筑目标的关键所在。

(二)绿色建筑健康舒适设计的设计思维

1.通过科学的设计和管理体现"低消耗舒适"的原则

为了在确保舒适性的基础上减少资源消耗,精准的设计和管理策略显得尤为重要。措施如辐射式空调、感应照明、智能控制以及个性化送风系统都是实现"低消耗舒适"目标的典型例子。

2.优先利用自然条件和被动措施满足环境的舒适度要求

自然环境拥有其独特的优势,与人工环境相比更为节能环保。因此,通过巧妙的空间布局、平面设计和建筑结构,利用如自然通风和自然采光这样的被动技术来创造宜居环境,不仅是建筑与气候相适应的核心思想,也是绿色建筑在节能和环境改善方面的关键。

3.采用优化的技术满足自然条件不能达到时的舒适度要求

当自然环境无法完全满足舒适度需求时,可以适度地采用经过改良的主动技术,如供暖、空调和照明等,以确保人们的舒适度得到全面满足。例如,采用热电冷联供系统、变频水泵和热回收系统等技术。

4.综合性设计策略

在设计阶段,应将各种技术手段综合考虑,使其互相补充,优化整体效果。例如,考虑与建筑围护结构相结合的外部遮阳技术,以及结合光电和光热系统的设计策略。

第三节　绿色建筑的设计要求

绿色建筑的成功实践与其所处的特定气候、自然资源、当地的社会发展状况和文化传统紧密相关。作为一个子系统,绿色建筑深深植根于特定地域的自然环境中,它不可能与其生物环境的地域特性分离,而应与其周边环境融为一体。绿色建筑的设计要求主要包括以下几点,如图 2-3 所示。

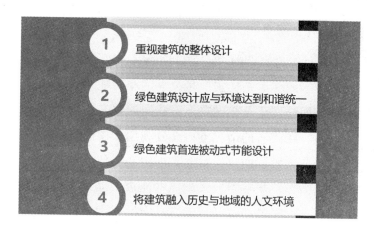

图 2-3　绿色建筑的设计要求

一、重视建筑的整体设计

建筑的整体设计策略直接决定了绿色建筑的性价比和性能。设计绿色建筑时，必须综合考虑气候、文化和经济等多种因素，不应盲目模仿某种先进的绿色技术，也不能只关注某一部分而忽视整体。绿色建筑设计倡导全面的生态设计思维，全方位地考虑绿色居住环境设计中的各种要素，以达到多方面、多目标的整体优化。每个设计环节应遵循生态原则，确保能源和资源的节约、环境的无害化和可持续性。

二、绿色建筑设计应与环境达到和谐统一

（一）尊重基地环境

在进行绿色建筑的环境规划设计时，必须充分考虑当地的生态、地理和人文环境特点，并收集关于气候、水资源、土地利用、交通、基础设施、能源系统和人文环境的相关数据。绿色建筑设计应从宏观角度出发，考虑可持续性和自然化的应用，包括适应当地的自然气候条件，强调建筑本身的绿色设计，以及对整体环境的绿化处理、节能用水、废水处理和回收、雨水利用等多个方面。

（二）因地制宜原则

绿色建筑设计非常强调的一点是因地制宜，绝不能照搬盲从。例如，许多西方发达国家的住宅结构主要是独立的小型建筑，这些建筑之间的距离较大，占地面积广泛，相比之下，我国的住宅结构主要是集中的多层或高层住宅区。在前者的情况下，充分利用太阳能进行电力生成、热水供应和供暖是非常实际的，但对于我国的高层住宅区，即使将整栋楼的外墙都覆盖上太阳能集热器或太阳能电池板，也无法满足该楼的全部能源需求。因此，太阳能在这种情境下只能被视为一种辅助的节能设计策略。

气候的多样性意味着不同地区的绿色建筑设计策略应有所不同。建筑设计应深入研究当地的气候特征和其他相关条件，充分利用自然光、自然通风、被动式加热和制冷技术，降低因照明、通风、加热和空调而产生的能源消耗和环境污染。某一建筑的平面设计或户型在某个地区可能是完美地适应了当地气候，但在另一个地区可能就不再适用。

三、绿色建筑首选被动式节能设计

自然通风是一种不依赖空调系统，而仅依赖自然资源来维持室内环境舒适度的方法，这种通风方式可以显著减少年度空调的能耗，从而实现节能。

为了最大化自然通风的效果，建筑的方位、间隔和布局等需要经过精心考虑。例如，南方朝向在冬天接收到的太阳辐射最为充足，在夏天则相对较少，考虑到我国大部分地区在夏季的主导风向为东南方，南向成为建筑的最佳选择，既可以在夏季提供凉爽的自然通风，又可以在冬季减少采暖和空调的需求。在夏季，自然通风能够引入低于室温的外部空气，为人们带来清凉的感觉，这种效果与简单的空调设备相似，但更为节能。

此外，建筑的高度也对自然通风产生重要影响。通常，高层建筑更有利于其内部的自然通风，当高低不同的建筑物组合在一起时，将高矮建筑交错布置可以增强低层建筑的通风效果，而位于高层建筑背风区的矮建筑，会受到高层建筑产生的回旋涡流的影响，从而使其室内通风条件得到改善。

四、将建筑融入历史与地域的人文环境

（一）重视历史和文化遗产

历史和文化遗产是一个国家或地区的灵魂，它们承载了过去的记忆、

经验和智慧，加强对已有环境和历史背景的维护是对过去的尊重，也是对未来的负责。每一座古建筑、每一条古老的街道都是时间的见证者，它们讲述着一个地方的成长、变迁和故事，保护这些遗产，就是保留了一个地方的记忆和身份。在快速发展的现代社会中，维护和传承文化遗产非常重要，它为我们提供了一个与过去对话、从中汲取智慧的桥梁。

（二）妥善保护和维护古老建筑

古老建筑和传统街区景观是城市历史和文化的实体化表现，它们代表了一个时代的建筑艺术和审美观念，也是历史的见证者，承载着城市的记忆和故事，妥善保护这些建筑和景观，意味着对历史的尊重和对文化的继承。传统的建造方法和生产技术，作为一门独特的技艺，也是文化遗产的重要组成部分，它们既具有实用价值，又具有研究和教育意义，值得传承和发扬。

对于城市和地区的独特景观，除了维护其原有特色外，还需要不断地创新和发展，以适应时代的变迁和社会的需求。新的城市景观要与传统景观和谐共存，并为城市带来新的活力和魅力。而居民，作为城市的主体，他们的生活方式、习惯和需求，都是城市发展的重要参考，鼓励居民参与建筑设计和街区更新的过程，可以确保设计更加贴近实际，增强居民对城市的归属感和参与感，使城市发展更加和谐和可持续。

（三）绿色建筑应当展现出"新地域主义"的特点

"新地域主义"在建筑领域中，代表了一种深入地域文化根源的设计思维，它是对某一地域、民族或民间风格的表面模仿，也是对其深层次的文化、历史和价值观的理解和尊重。这种设计方法强调与当地环境、文化和社会背景的和谐融合，旨在创造出既具有地域特色，又满足现代功能需求的建筑。这样的建筑能够为居住者提供舒适的生活环境，能够在视觉和情感上与当地居民产生共鸣。

在新地域主义的指导下，建筑师努力在现代技术和传统元素之间找到平衡。虽然建筑可能在外观上展现出浓厚的地域风格，但在其内部结构、材料选择和技术应用上，都充分考虑了现代生活的需求和挑战，例如，一个具有传统造型的建筑可能采用了现代的节能技术和材料，以确保其在环境保护和能源效率上都达到了高标准。这种结合确保了建筑的实用性，使其成为地域文化和现代生活之间桥梁的象征。

第三章 绿色建筑设计的技术支持

第一节 绿色建筑的节能技术

一、建筑墙体节能技术

（一）EPS 板薄抹灰外墙外保温系统

EPS（可发性聚苯乙烯）板薄抹灰外墙保温技术是由 EPS 板保温层、薄抹灰层和饰面涂料组成的。在此系统中，EPS 板通过胶黏剂紧固在基础上，薄抹灰层内部则完全铺设有玻璃纤维网。在欧洲，这种保温系统的最早应用已有数十年的历史。众多的工程实践表明，该系统技术稳定、可靠，工程品质上乘，具有出色的保温效果，并且使用寿命可以超过 25 年。

为了确保 EPS 板薄抹灰保温系统的效果，基层的表面必须保持清洁，不能有油渍、脱模剂或其他可能影响黏结的物质。任何突出、空鼓或疏松的部分都应被清除并进行找平处理。找平层与墙体之间的黏结必须坚固，不应出现脱层、空鼓、裂纹等问题，且表面不能有粉化、脱皮或爆灰的情况。基层与胶黏剂之间的拉伸黏结强度应进行检测，其黏结强度不得低于 0.3 MPa，且黏结断裂面积不应超过 50%。在为 EPS 板涂胶时，胶黏剂应涂抹在 EPS 板的背面，且涂胶面积至少要占 EPS 板面积的40%。EPS 板的安装应遵循顺序排列的原则，其竖向接缝应错开。EPS 板的固定应稳固，不得出现松动或空鼓。在墙角，EPS 板应交叉排列。在门窗的四个角落，EPS 板应避免接缝，应使用整块的 EPS 板进行切割，并确保 EPS 板的接缝距离角部至少 200 mm。

（二）胶粉EPS颗粒保温浆料外墙外保温系统

胶粉 EPS 颗粒保温浆料外墙外保温系统是由界面处理层、胶粉 EPS 颗粒保温浆料形成的保温层、加入玻纤网的抗裂砂浆薄抹面层和饰面层组合而成。在场地中，胶粉 EPS 颗粒保温浆料经过混合后，可以直接喷射或涂抹到基础上，构建保温层。这个系统采用了逐层递进、柔性释放压力的无空隙技术方法，适用于各种气候区域、不同的墙体基层和各种建筑高度的外墙保温和隔热。

胶粉 EPS 颗粒保温浆料形成的保温层的设计厚度最好不超过100 mm，如有需要，应设定抗裂隔离缝。基层的表面必须是干净的，不能有油渍、脱模剂或其他可能影响黏结的物质，而空鼓和疏松的部分应被清除。胶粉 EPS 颗粒保温浆料应分多次涂抹，每次涂抹之间的时间间隔应超过 24 小时，且每次的厚度不应超过 20 mm。首次涂抹时，应确保其均匀压实，最后一次涂抹时，应确保其平整，并使用工具进行平滑处理。当保温层固化后，应对其厚度进行现场检查，并从现场取样以检验胶粉 EPS 颗粒保温浆料的干燥密度。现场取样的胶粉 EPS 颗粒保温浆料的干燥密度应在 $180 \sim 250$ kg/m³。

（三）EPS板现浇混凝土外墙外保温系统

EPS 板与现浇混凝土结合的外墙外保温系统（被称为无网现浇系统）采用现浇混凝土外墙作为其基础，而 EPS 板作为其保温层。为了确保混凝土与 EPS 板的紧密结合，EPS 板的内侧（与混凝土直接接触的一面）设计有水平方向的矩形齿槽，并且其两面都涂有界面砂浆。在施工过程中，EPS 板被放置在外部模板的内侧，并使用锚栓进行辅助固定，当混凝土被浇筑时，它与 EPS 板及锚栓紧密结合，形成一个统一的结构。

EPS 板的两侧都需要涂上界面砂浆。为了确保稳定性，EPS 板的推荐宽度是 1.2 m，高度应与建筑的每层高度相匹配，每平方米的 EPS 板上应有 2 个至 3 个锚栓。为了防止裂缝，水平方向上应根据楼层设置抗裂分隔缝，而垂直方向上的抗裂分隔缝应根据墙面的面积来决定。在板式建筑中，其面积不应超过 30 m²，而在塔式建筑中，具体的面积可以根据实际情况来调整，但最好设置在墙的阴角位置。混凝土的浇筑高度应限制在 1 m 以内，并确保混凝土经过振捣后密实均匀。墙面和接缝位置应保持光滑和平整，如果混凝土浇筑后，EPS 板的表面存在不平整的部分，可以使用胶粉 EPS 颗粒保温浆料进行修补和找平，但修补的厚度不应超过 10 mm。

（四）机械固定式 EPS 钢丝网架板外墙外保温系统

机械固定式 EPS 钢丝网架板外墙外保温系统（简称机械固定系统）是由多个组件组成的，包括机械固定装置、特制的腹丝非穿透型 EPS 钢丝网架板、厚抹面层（掺有外加剂的水泥砂浆），以及饰面层。当选择涂料作为饰面层时，还需要额外加上玻纤网抗裂砂浆薄抹面层。值得注意的是，该机械固定系统并不适合用于加气混凝土和轻集料混凝土这两种基层。

腹丝非穿透型 EPS 钢丝网架板的设计要求腹丝深入 EPS 板的深度不少于 35 mm，且未穿透的厚度至少为 15 mm。腹丝的插入角度应保持统一，其误差范围不得超过 3%。板的两侧都应涂上界面砂浆，钢丝网与 EPS 板之间的距离不应少于 10 mm。为了确保系统的稳定性，机械固定系统的锚栓、预埋金属件的数量需要经过实验来确定，但每平方米的数量不得少于 7 个。对于砌体外墙，建议使用预埋的钢筋网片来固定 EPS 钢丝网架板。在安装机械固定系统时，每一层应设置承托件，并确保这些承托件牢固地固定在结构部件上。为了增加耐久性，所有的金属固定件、钢筋网片、金属锚栓，以及承托件都应进行防锈处理。

二、建筑屋面节能设计

屋顶作为建筑的保护结构，在决定建筑最上层室内环境的温度和舒适度方面起着至关重要的作用。为了确保其达到建筑节能设计的标准，除了增强其保温隔热性能外，还需选用高效的防水材料，并对其保温和防水结构进行创新，从而全方位提升屋顶的综合性能。以下是几种常用的方法：

（一）增厚保温层

这种策略是在屋顶现有的保温层上增加厚度，或者加入更为高效的新型保温材料，以确保屋顶的热传递系数满足节能标准。这是在建筑节能工程中常被采纳的经典方法，其主要优势在于其结构直接、施工简便。

（二）优化防水层及其保护结构

屋顶的防水层要能够迅速排除雨水，还要确保保温层不会因为潮湿而失效。长期以来，屋面渗漏一直是建筑工程中的常见问题，给用户带来诸多困扰，并对屋顶的保温效果产生不良影响。为了解决这一问题，建议彻底移除原有的沥青油毡卷材防水层，并在保证施工质量的基础上，替换为高品质的新型柔性卷材，如改性沥青卷材或三元乙丙橡胶卷材。防水层上应覆盖有强反射性的保护材料，如铝粉涂层或铝箔，这种保护层可以抵御阳光辐射，延长防水层的使用寿命，还可以在冬季减少热量损失，节省能源。

（三）使用倾斜屋面

选择倾斜的屋面设计可以显著提高防水和保温效果，由于倾斜屋面的排水坡度较大，其排水能力远超平屋面，有效避免了水渗漏的问题。

倾斜屋面与平屋面之间的空气层可以提供额外的热阻，如果再加上保温层，将进一步增强其隔热性能，利用这种设计，即使只有较小的投资，也能获得显著的效果，其保温效果远超仅增加保温层的平屋面。

（四）种植屋面

种植屋面是指在建筑的屋面或地下建筑的顶部铺设种植土壤或设置植物容器进行种植的方式。从建筑节能的角度看，种植屋面（也称为屋顶绿化）在很大程度上具有保温、隔热、节能、减少排放、节约淡水资源的效果，并对建筑结构和防水层起到了保护作用，它还能有效地吸收尘埃，是缓解城市热岛效应的有效手段。在夏天，与普通的隔热屋面相比，种植屋面的表面温度明显较低，室内温度也会相应降低，减少空调的用电量。建筑物的屋顶绿化可以显著降低周围的环境温度，这也会进一步减少室内空调的需求。无论是在北方还是南方，种植屋面都能起到很好的保温效果，在干旱地区，尤其是在冬季，由于植被枯萎和土壤干燥，其保温性能更为突出，随着土层的增厚，种植屋面的保温效果也会增强。种植屋面具有良好的热稳定性，不会因为气温的急剧变化而产生大的温度波动。在冰岛和斯堪的纳维亚半岛，种植屋面已有长达一个世纪的历史。

种植屋面工程涉及种植、防水、排水和绝热等多个技术领域。在设计种植屋面时，应遵循"防护、排水、储水、种植"等方面的平衡，同时还要坚持"安全、环保、节能、经济、因地制宜"的设计原则。种植屋面不应设计为倒置式结构。绿化平屋面的基本结构包括基础层、绝热层、找坡层或找平层、常规防水层、耐根穿刺防水层、保护层、排水层或储水层以及过滤层。

（五）蓄水屋面

蓄水屋面是一种独特的设计，其核心是在坚固的防水屋面上储存一层水，该设计的主要优势是，当水蒸发时，它会吸收并带走大量的热量，这有助于大幅度地减少太阳辐射对屋面的热影响，实现降低屋面温度的目的。这既是一种出色的隔热手段，也是提高屋面热工性能的重要方法。

在同样的环境条件下，与传统屋面相比，蓄水屋面能显著降低屋顶内部表面的温度和热流动，且对外部环境的变化反应较为稳定，表现出卓越的隔热和节能效益，这种屋面的主要特点是在混凝土的坚固防水层上储存水。这样的设计能够利用水层进行隔热和降温，为混凝土提供一个更为理想的使用环境，避免因直接暴晒或冰雪雨水导致的急剧变形，长时间的浸泡有助于混凝土后期强度的提高。此外，混凝土中的某些成分在水中会继续进行水化反应，导致湿度增加，从而提高混凝土的防水性能。水的蒸发和流动可以迅速带走热量，缓解屋面温度的变化。由于屋面上储存了一定厚度的水，这增加了整体的热阻和温度衰减效果，进一步降低了屋面内部的最高温度。

蓄水屋面可以分为普通蓄水屋面和深蓄水屋面：普通蓄水屋面需要定期供水，以保持恒定的水位；深蓄水屋面则可以利用雨水来补充水的蒸发，基本上无须额外供水。但是，蓄水屋面也带来了一些挑战，如增加了结构的负荷，如果防水措施不到位，可能会出现渗漏问题，因此，无论是刚性防水屋面，还是卷材防水屋面，都可以采用蓄水屋面的设计。在使用刚性防水层时，应按照规定设置分格缝，并确保防水层得到适当的养护，确保蓄水后水不会断裂。在使用卷材防水层时，其施工方法与传统的卷材防水屋面相似，但需要特别注意在湿润条件下的施工问题。

三、建筑地面节能技术

采暖房屋的地板热性能对于室内温度和人们的舒适度起到了至关重要的作用。与屋顶和外墙一样，底层地板也需要具备适当的保温性能，确保地面温度不会过低。由于人们的脚部直接与地板接触，地板的保温性能对人们的健康和舒适度的影响比其他部分更为显著。衡量地板热性能的关键指标是吸热指数，用 B 来表示。B 值越高，意味着地板从人的脚部吸收的热量越多，吸热速度也越快。地板材料的密度、比热容和导热系数是决定吸热指数 B 的关键因素，例如，木质地板的 B 值为 10.5，而水磨石地板的 B 值为 26.8，即便两者的表面温度完全一致，但赤脚站在水磨石地板上会感觉比站在木质地板上冷得多，这是由于它们的吸热指数有显著差异。

我国现行的《民用建筑热工设计规范》（GB 50176—2016）将地面划分为三类：木地面、塑料地面等属于 I 类；水泥砂浆地面等属于 II 类；水磨石地面则属于 I 类。高级居住建筑、托儿所、幼儿园、医疗建筑等，宜采用 I 类地面。一般居住建筑和公共建筑（包括中小学教室）宜采用不低于 II 类的地面。至于仅供人们短时间逗留的房间以及室温高于 23℃的采暖房间，则允许用 I 类地面。

四、建筑遮阳技术

在炎热的夏季，阳光直接透过建筑的窗户射入室内，往往会导致室内温度升高和强烈的眩光，这种直接的阳光照射容易使人们感到不适，还可能妨碍工作和学习的效率。对于配备空调的建筑，窗户受到的阳光直射会增加冷却负担，导致能源消耗增加。在某些情况下，阳光中的紫外线可能会导致物品褪色或变质。为了解决这些问题并实现能源效率，建筑设计中通常会考虑采用遮阳措施，尤其是窗户遮阳，因为它在整体建筑遮阳中起到了关键作用。虽然遮阳作为一种传统的高效隔热方法在过去常被忽视，但随着全球能源问题的日益凸显和绿色建筑理念的普及，建筑遮阳再次受到了人们的关注。

（一）遮阳的主要功能

遮阳，作为一种建筑元素，主要目的是减少直射阳光对室内的影响，它是一种古老而高效的建筑隔热策略，从古代到现代的建筑中都可以看到其广泛的应用。许多遮阳设备可以为室内提供必要的遮挡，还可以为室外空间提供凉爽的避阳处，如古希腊和罗马的柱廊和门廊都具备了这种功能。在我国，古代建筑的宽大屋檐也起到了显著的遮阳效果，许多世界知名的建筑都强调了遮阳的重要性，并通过其设计展现了深刻的视觉冲击。例如，世界知名的建筑师勒·柯布西耶和赖特在他们的许多作品中都巧妙地运用了遮阳设计，这些遮阳措施为人们提供了舒适的环境，也为建筑本身增添了独特的美学魅力。

（二）遮阳的分类

遮阳设备根据多种标准可以被分类为不同的类型。基于其位置，遮阳可以被划分为室内、室外和中间三种。从其可调整性来看，遮阳又可以分为固定型和可移动型。考虑到使用的材料，遮阳可以是混凝土、金属、织物、玻璃或植物制成的。而根据其布局，遮阳可以是水平的、垂直的、综合的或挡板式的。再者，从其结构和外观来看，遮阳可以是实心的、百叶窗式的或花格窗式的。

有时候某些建筑可能没有采用上述的典型遮阳方式，但通过特定的建筑处理，也能达到遮阳的效果，如将窗户放入厚重的墙体中，这种设计本身就具有一种狭窄遮阳的效果。

（三）遮阳的防热、节能原理

日光主要由三个部分组成：直接的太阳射线、太阳的漫反射和太阳的反射辐射。在不需要利用太阳辐射进行加热的情况下，可以在窗户上设置遮阳设备，这可以挡住直接的太阳射线，也可以遮挡漫反射和反射辐射。选择遮阳设备的种类、尺寸和放置位置应考虑到受到直射、漫射和反射的影响范围，反射辐射相对容易控制，通常可以通过减少反射表面来达到，而使用植被是其中的优选方法。漫反射较难控制，所以常常需要额外的室内遮阳或在玻璃窗之间设置遮阳。对于直接的太阳射线，最有效的控制方法是使用室外遮阳。

遮阳与室内采光有时可能存在冲突，但是通过合适的设计策略，可以巧妙地利用遮阳设备将阳光导入室内，既为室内提供了优质的自然光线，又减少了太阳辐射带来的热量。一个理想的遮阳装置应当在确保良好的视线和通风的同时，最大限度地减少太阳的辐射进入室内。

（四）固定遮阳

固定式遮阳主要有三种基本类型：水平、垂直和挡板遮阳。水平遮阳主要用于挡住从上方直射的阳光，最适合南向的窗户；垂直遮阳则是为了阻挡从窗户两侧入射的阳光，更适合北向的窗户。至于挡板遮阳，它的设计目的是遮挡那些与窗户平行射入的阳光，尤其适用于东西方向的窗户。在实际应用中，可以根据需要选择单一的遮阳方式或将它们组合起来。还有其他常见的固定遮阳形式，如综合遮阳、固定百叶窗和花格遮阳等，由于固定遮阳的结构简洁、成本较低且维护简单，因此它比活动遮阳更为普及。但是，由于固定遮阳不能进行调整，其效果在某些情况下可能不如可调节的活动遮阳装置。

（五）活动遮阳

固定遮阳虽然能有效地阻挡阳光，但在采光、自然通风、冬季取暖和视野等方面可能会产生一些问题。活动遮阳则提供了更多的灵活性，允许用户根据自己的喜好和需求来调整遮阳的状态。常见的活动遮阳形式有窗外遮阳卷帘和活动百叶窗等。

1. 窗外遮阳卷帘

这种卷帘适合所有方向的窗户，当完全放下时，它可以有效地阻挡大部分太阳辐射，此时，只有卷帘吸收的太阳能量才会向室内传递，如果窗户使用了导热系数较低的玻璃，进入室内的太阳热量就会大大减少。为了进一步提高效率，可以在卷帘和窗户玻璃之间留出一定的空隙，利用自然通风来带走卷帘上的热量。

2. 活动百叶遮阳

这类遮阳包括可升降的百叶帘和百叶护窗。百叶帘的角度可以调节，使其在遮阳、采光和通风之间达到一个平衡，因此在办公楼和住宅中得到了广泛的应用。根据制造材料的不同，百叶帘可以分为铝制、木制和塑料制。百叶护窗的设计较为简单，通常采用推拉或外开的方式，尤其在国外使用较为普遍。

3. 遮阳篷

这种遮阳方式虽然常见，但如果安装不当，可能会显得凌乱。

4. 遮阳纱幕

这种产品既可以阻挡阳光，又可以根据所选材料来调节进入的可见光量，它还能够防止紫外线并减少眩光。纱幕主要使用玻璃纤维作为材料，具有耐火、防腐和耐用的特点，特别适合炎热的地区。

第二节　绿色建筑的节地技术

一、土壤污染修复

根据《建设用地土壤污染风险管控和修复监测技术导则》（HJ 25.2—2019），土壤污染修复的操作可以分为以下几个步骤：

第一，进行地块土壤污染情况的调查和监测。这个阶段的核心任务是利用各种监测工具来确定土壤、地下水、地表水、环境空气和遗留的废弃物中的污染物及其水文地质特性。此外，还需要全面确定地块的污染物类型、污染水平和污染区域。

第二，地块的治理和修复监测。在这个阶段，主要关注各种治理和修复措施的执行效果，涵盖了与环境保护相关的工程质量监测和二次污染物的排放监测。

第三，进行地块修复效果的评估监测。这里的关键是判断治理和修复后的地块是否满足预定的修复目标和工程设计要求。

第四，进行地块的回顾性评估监测。在经过修复效果评估后，这个阶段主要是在一定的时间内，对治理和修复后的地块对土壤、地下水、地表水和环境空气的影响进行环境监测，并对地块的长期原位治理修复措施的效果进行验证性的环境监测。

二、板结型固化剂使用技术

在现代建筑施工中，土壤稳定性是一个不可忽视的问题，特别是在大型工程项目中，大量的土壤需要被移动、堆放或回填，这时如何确保土壤的稳定性，防止尘土飞扬，成为施工管理的重要任务。板结型固化剂的出现，为这一问题提供了有效的解决方案，当施用于回填土上，它能迅速与土壤反应，形成坚硬的板结层，这一层具有很高的稳定性，还能有效地防止风化和侵蚀。

板结型固化剂的使用还带来了其他多重益处，它极大减少了尘土污染，有助于维护施工现场的清洁和安全。这种方法避免了大量土壤的浪费，因为经过固化处理的土壤可以被重复使用，而不是被丢弃。与传统的土壤处理方法相比，板结型固化剂更为经济、高效，能够在短时间内处理大面积的土壤，极大提高了施工效率。正因此，板结型固化剂技术在建筑施工领域得到了广泛的应用和推广。

三、BIM 应用技术

建筑信息模型技术，简称 BIM，已经成为现代建筑行业中的一项创新技术，它不是一个单纯的工具或软件，而是一种全新的工作方法和思维方式。与传统的二维 CAD（计算机辅助设计）绘图相比，BIM 技术能够为设计师、工程师和施工团队提供一个全面、详细的三维数字模型，这种模型包含建筑的几何信息，还包括与建筑相关的各种属性和数据，如材料、设备、成本和时间等。

在施工场地布置中，BIM 技术的应用为施工团队带来了前所未有的便利。三维模型使得施工团队能够从各个角度查看和分析场地布置，避免了因为二维图纸而产生的误解和错误。BIM 技术还支持实时的协同工作，这意味着多个团队成员可以同时在同一个模型上工作，实时地分享和更新信息，这极大提高了工作效率，减少了重复劳动和错误。最重要的是，BIM 技术使得施工团队能够在虚拟环境中模拟和测试不同的场地布置方案，确保选择最合适、最经济的方案，实现土地资源的最大化利用。

四、钢筋数控加工设备应用技术

传统的钢筋加工方式依赖于人工进行计算和料单制定，接着由施工团队使用机械设备进行钢筋的处理，该方法需要大量的劳动力参与，故被视为劳动密集型的操作。由于依赖传统施工机械和各种施工人员的技能水平，产品的质量和一致性可能会受到影响，从而影响施工进度。另外，这种方法需要多种设备参与，增加了所需的场地面积，不符合土地节约的原则。

与此相对，现代的钢筋数控加工设备，如数控箍筋机和数控弯曲筋机，采用了尖端的计算机数字控制技术，在操作时，只需在机器中输入相关参数，机器便能自动完成钢筋的直线化、切割和弯曲等多个步骤。这种加工方式提高了效率和精度，而且与传统方法相比，极大减少了所需的劳动力。实际上，使用数控设备的加工过程只需要一两名操作员，所以可以认为，数控加工设备在降低人工成本的同时，也减少了设备的占地面积，已在大型项目中得到了普遍应用。

五、临时道路与永久道路结合施工

在场地的初步整理过程中，通常需要铺设临时道路以满足施工期间的通行需求，这些临时道路在工程完工后会被拆除，随后由市政部门重新铺设，形成最终的永久道路。

将临时道路与永久道路的施工相结合，可以减少因拆除临时道路产生的建筑废弃物，还有助于节约资金。在施工前的准备阶段，施工方应与建设方和设计方进行深入沟通，明确红线范围内永久道路的规划和施工细节。通过采纳这种结合临时与永久道路的施工策略，可以使用永久道路施工中的建筑材料来完成路基工程，之后这部分路基即可作为临时道路使用。为了确保道路基层的质量，可以在其上铺设钢板进行保护，当主体工程施工完毕并进入道路铺设阶段时，只需在已有的临时道路上直接铺设表层，即可完成永久道路的建设。

六、做好交通设施设计

交通设施设计，也称为交通组织策划，是绿色建筑节地技术中的一个关键环节，它涉及如何在有限的土地资源上，合理布局道路、公交站点、轨道交通站点等交通设施，以满足人们的出行需求，同时能最大限度地节约土地资源。合理的交通设施设计可以提高土地的利用效率，还能为居民和使用者提供便捷、高效的交通服务，提高整个建筑或社区的生活品质。

为了实现这一目标，需要对所在区域的交通流量、出行习惯、交通工具选择等进行深入的调查和分析，确保交通设施的设计能够满足实际需求。交通设施的布局还需要考虑到与周边环境的协调性，避免对自然环境和生态系统造成破坏。应充分考虑到未来的发展趋势和变化，具有一定的前瞻性和灵活性，以适应未来可能出现的新的交通需求和挑战。

第三节　绿色建筑的节水技术

一、节水与水资源利用设计

绿色建筑在其设计和规划阶段，必须充分考虑地方的气候条件、水资源状况以及给排水系统。目标是在确保满足用水需求、维护用水安全性和满足使用标准的同时，制定合理的节水策略，包括采纳措施来提升水资源的使用效益，降低不必要的水消耗，利用再生水，减少对市政供水的依赖，并减少污水的排放，以确保水资源的持续和经济供应。

节水与水资源利用的策略主要涉及三个核心领域：一是提高供水系统的水效率；二是中水的回收和利用，或是开发再生水资源；三是雨水的收集和应用。

供水系统的节约用水是指采取有效措施节约用水，提高水的利用效率。主要从以下四个方面实现，如图 3-1 所示。

图 3-1　节水与水资源利用的规划设计要点

（一）避免管网漏损

建筑中的水损失主要发生在室内卫生设备、屋顶水箱以及管道系统中，尤其是在给水系统的接口部位。为了减少这种损失，可以采取以下策略：

第一，选择符合国家标准的管材和管件，对于新型材料和部件，应确保它们满足相关管理部门的规定和经过专家评估的企业标准。

第二，采用管道涂层、内衬软管、套管和防腐措施来预防管道损坏和泄漏。

第三，使用高性能的阀门和无泄漏的阀门来确保给水系统的完整性。

第四，合理设定给水压力，避免长时间的高压或压力突变。

第五，使用高灵敏度的水表，并按照水平衡测试标准安装分级计量水表，确保水表的安装率达到100%。

第六，对管道进行适当的基础处理和土壤覆盖，控制管道的埋深，并确保施工质量，加强日常的管网检查和维护。

（二）使用节水器具

为了实现建筑节水，采用节水型器具与设备是关键的措施之一。对于那些采纳产业化装修方式的住宅，其内部同样应装配节水器具，这类节水器具涵盖了加气式、陶瓷阀芯或自动关闭功能的节水水龙头；各种节水坐便器，包括压力流防臭、压力流冲击式、双挡节水虹吸式、直排式和感应式坐便器，以及带有洗手功能的水箱坐便器和无水真空抽吸坐便器；节水淋浴设备，如带有温度调节的淋浴喷头；节水家电，如高效洗衣机和洗碗机。

（三）灌溉节水

绿地灌溉应采纳如喷灌、微灌、渗灌和低压管灌等高效灌溉方法，并结合湿度传感器或气候变化调节器进行灌溉。为了提高雨水的渗透率并减少灌溉用水，可以使用既有渗透又有排放功能的渗透性排水管。

目前，喷灌是最常用的绿化节水灌溉方法，它通过专业设备（如动力机、水泵、管道等）将水加压，或利用水的自然落差，再通过喷头将水喷向空中，形成细小的水滴均匀散布。与传统的地面灌溉相比，这种方法可以节省将近一半的水资源。但要注意，喷灌应在风力较小的时候进行，当使用再生水进行喷灌时，由于可能产生的气溶胶，可能导致水中的微生物在空气中传播，应尽量避免。

微灌，包括滴灌、微喷灌、涌流灌和地下渗灌，是一种通过低压管道和灌水器，持续、均匀地为植物根系提供水分的方法。与地面灌溉和喷灌相比，微灌可以大幅度节约水资源，但由于微灌设备的孔径较小，容易堵塞，所以使用的水通常需要经过净化处理，如沉淀、过滤，甚至在特定情况下还需进行化学处理。

（四）减压限流

表 3-1 为部分卫生器具在额定流量时的最低工作压力。为了将水送达众多家庭，通常需要通过水泵进行加压，以确保提供适当的水压满足日常需求。然而，为了防止因过高的水压导致的"超压出流"，可以采取一些措施来实现减压。在供水管道中，可以安装如减压阀、减压孔板和节流塞等设备来降低水压。使用带有压力调节功能的用水器具也是一种有效的方法，它能确保供水压力与用水器具所需的最低压力相匹配，实现减压并节约水资源。

表3-1　部分卫生器具在额定流量时的最低工作压力

器具名称	洗脸盆水嘴	浴盆混合水嘴	淋雨器混合阀	洗衣机水嘴
最低工作压力 /Mpa	0.05	0.05 ～ 0.07	0.06 ～ 0.10	0.05

二、合理利用非传统水资源

（一）中水的回收与利用

1. 中水回收

中水，有时被称为再生水或回用水，是经过处理的非饮用水。在污水处理领域，它通常被称为再生水，而在工业应用中则被称为回用水。中水的水质标准是基于其来源，经过处理的城市或生活污水，或其他种类的排水。这种水的质量虽然低于饮用水标准，但高于允许排放到地表水体的污水标准，所以它被称为"中水"，意指其水质介于饮用水和排放污水之间。

中水的主要优势包括其稳定性、成本效益和环境友好性，它不会受到气候变化的影响，不需要与其他地区争夺水资源，且供应稳定可靠。与海水淡化和跨流域调水相比，中水在经济和环境上具有显著的优势。从经济角度看，中水的成本远低于其他方法，而从环境保护的视角，利用污水再生可以帮助改善生态环境，形成水资源的良性循环，并缓解水资源短缺的问题。中水被视为城市的次要水源，并在全球范围内被广泛采纳。

20 世纪 60 年代开始，许多国家和地区面临水资源短缺的挑战，在美国、日本和以色列等国家，中水已被广泛用于多种用途，如厕所冲洗、园林和农田灌溉、道路清洁、汽车清洗、城市喷泉和冷却设备的补水等。

中水的来源多种多样，如冷却循环水、淋浴废水、洗手废水、厨房废水、卫生间废水，以及城市污水处理厂的二级处理出水等。在住宅建筑中，除了卫生间的废水，其他废水通常被视为中水来源，而在大型公共建筑、酒店和商业住宅楼中，通常选择冷却循环水、淋浴废水和洗手废水作为中水的主要来源。

对于中水的处理，其方法通常取决于中水的来源、水质和使用需求。当中水主要来源于高质量的混合废水且水量相对较小时，物理和化学处理是主要的处理方法；如果中水主要来源于混合废水，那么通常会结合初级生物处理和物理化学处理；当中水主要来源于生活污水时，常见的处理方法是结合二级生物处理和物理化学处理。

2. 中水利用

中水在处理、储存、输配等环节中应采取一定的安全防护和监测控制措施，符合相关标准的要求，保证卫生安全，避免对人体健康和周围环境产生不利影响。

（二）雨水的收集与利用

1. 雨水间接利用

雨水间接利用主要依赖其自然循环过程，通过雨水的渗透系统，雨水被直接导入地下，进而提高土壤的水分含量。雨水渗透方法有助于减轻雨水排放系统的负担，而且可以利用绿地和土壤的自净能力来拦截径流中的污染物，这实际上是对雨水的一种初步处理。在我国北部的某些干燥地区，因为雨水积累效果不明显，所以主要依赖于雨水的渗透。与裸露土地相比，草地的土壤稳定入渗率要更高，因此，雨水渗透主要是通过创建绿地低洼区，并结合透水路面和地下渗透渠道等多种方式来实现。典型的雨水渗透系统包括渗透地面、凹形绿地、MR 系统（洼地 – 渗透渠系统）和渗透渠道。

（1）渗透地面。渗透地面可以是天然的或是人造的，如透水性的铺装地面。这些人造渗透地面包括多孔的草坪砖、各种鹅卵石和透水混凝土等。渗透地面的主要优势在于其布局的灵活性，可以根据实际需求在广场、步行道、停车场和其他休息区域进行布置。

（2）凹形绿地。凹形绿地是目前广泛采用的雨水渗透措施之一，通过调整绿地、道路和雨水溢流口的高度，实现雨水的渗透。在这些绿地内，可以根据实际需求种植各种植物，设计时，确保绿地的高度低于道路，雨水溢流口的高度则位于绿地和道路之间。当降雨时，道路上的雨水径流会流入凹形绿地，在经过绿地的蓄水和渗透处理后，多余的雨水会通过雨水溢流口进入雨水管道进行集中处理。与直接排放相比，使用凹形绿地的渗透处理方案可以增加雨水的下渗量，去除雨水中的污染物，提高雨水的利用效率，但这种方法的初始投资相对较高。

（3）MR 系统。在欧洲，MR 系统得到了广泛的应用，该系统主要通过明渠将雨水导向由草皮所覆盖的浅槽中。雨水通过底部的碎石层进行过滤，当浅槽的容量不足以容纳更多的雨水时，超出的雨水会流入旁边的渗透渠，并从渗透渠向周围的土壤中渗入。由于结合了浅槽的快速渗透和渗透渠的持续渗透，这种方法增强了雨水的渗透效果。渗透渠内充满了多孔材料，并被透水土工布所包围，这为渗透的雨水提供了二次过滤，还有助于防止地下水位过高和土壤湿度过大的问题。

（4）渗透管道系统。该方法涉及将传统的不透水的雨水管道替换为具有渗透性的管道，如钢筋混凝土的穿孔管、穿孔塑料管或者开放式的地面渗透沟，或者带有盖板的暗渠。这些管道的周围填充有碎石，并被透水土工布或过滤层所覆盖，使得这些管道既具有蓄水、渗透，又具有排放洪水的功能。为了最大化雨水的渗透效益，应根据具体的地形和地质条件来选择和使用雨水渗透设施，并结合多种渗透策略来增加雨水的渗透量。

2.雨水的直接利用

（1）屋顶绿化。这是一种在建筑物的屋顶上创建的绿色空间，通过在屋顶上铺设一层轻质的栽培介质，如人造土、泥炭土、腐殖土等（例如浮石、蛭石、膨胀的珍珠岩、硅藻土颗粒）和水输送框架，然后种植各种植物。该设计使得大部分的雨水能够在屋顶上被直接吸收。由于植物和栽培基质的过滤作用，收集的雨水可以直接使用，无须额外的过滤或初期雨水排放设备，这有助于减少雨水污染，并为社区提供更加宜人的微气候和美观的景观。

（2）雨水存储。雨水存储方法是建造集中的储水池或利用社区的景观水体（如人造湖）进行存储。收集的雨水经过基本的沉淀、过滤和消毒后，可以直接回用。如果使用景观水体进行存储，为确保水质，雨水可以通过人工湿地进行处理，并在经过消毒后用于绿化、冲洗厕所、道路清洗等用途。对于地势较低的地方，雨水可以被收集到储水池中，然后在需要时通过泵抽取到景观水体中。在暴雨期间，景观水体和储水池中的多余雨水可以通过溢流方式进入市政雨水排放系统。对于条件允许的住宅区，还可以考虑建设雨水湿地池，这种池的设计原理与污水处理相似。湿地池由于其较大的占地面积和浅水特性，可以实现雨水的沉淀功能。结合植物基质对雨水中污染物的吸收和过滤，湿地池实现了雨水沉淀和过滤的双重效果。

　　为实现雨水资源利用的最大化，绿色建筑雨水收集与利用通常采用间接和直接利用相结合的措施，如图3-2所示。另外，雨水利用是一个系统工程，它牵涉的方面广泛，影响因素较多，如所在服务区域的面积、气候、地质条件以及雨水利用设施的结构等，因而在设计过程中需因地制宜，选择合适的雨水利用措施。

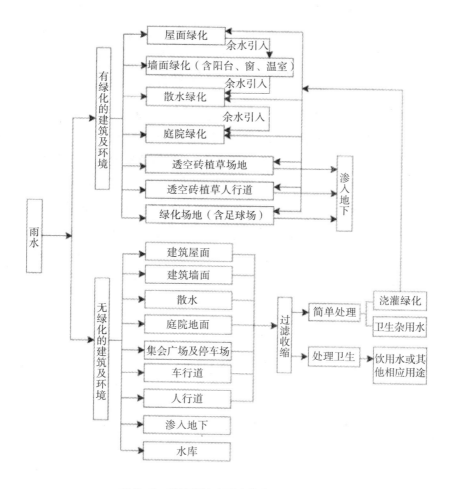

图3-2　建筑环境中雨水收集利用框架图

当雨水落下并在地面上流动时，其水质会受到多种因素的影响，包括落水的表面、空气的清洁度、气温、降雨的强度和持续时间以及建筑的位置等，这使雨水的水质状况变得相对复杂。与再生水的回收和再利用类似，为了将雨水转化为可利用的资源，它需要经过适当的收集和处理，在这一过程中，处理后的雨水应满足国家设定的水质标准。

3.结合屋面绿化的雨水回用设计

屋顶绿化在多个方面都展现出其独特的价值，如土壤保持、空气湿度增加、声音隔离、对抗污染、空气净化、形成生物气候缓冲区，以及扩展地面绿化等，其中，生态效益，特别是对雨水的净化，是屋顶绿化的一个核心功能。下面探讨屋顶绿化如何净化雨水，并结合特定建筑的实际情况，提出一个屋顶绿化雨水再利用的设计方案。

（1）屋顶绿化在雨水再利用中的角色。

①屋顶绿化有助于减少污染。屋顶雨水的污染主要有两个来源：一是雨水降落之前所携带的污染物；二是雨水落地后可能受到的再次污染。屋顶绿化通过以下方式帮助减轻雨水污染：屋顶绿化能够捕获和吸收部分雨水。随后，通过植物和人工土壤中的微生物活动，这些污染物得以降解。屋顶绿化有效地避免了如沥青这类屋顶材料对雨水的污染。

事实上，屋顶绿化可以几乎完全消除这种污染，同时显著减少屋顶雨水中的硫含量。

②屋顶绿化作为雨水蓄留器。屋顶绿化不仅为城市提供了一片绿色，还能够存储一部分雨水。这种蓄水能力与绿化层和排水层的材料和厚度有关，不同的材料具有不同的蓄水性能。

（2）屋顶绿化雨水再利用的设计思路。

①屋顶绿化的标准结构。对于屋顶绿化，关键是要确保其防水和排水功能，以避免水渗漏。虽然植物需要水来生长，但过多的水会导致植物死亡，同时还可能超过屋顶的承重能力。屋顶绿化的典型构造如图

3-3 所示。结合实践经验，以下是一些建议的屋顶绿化材料选择和注意事项。

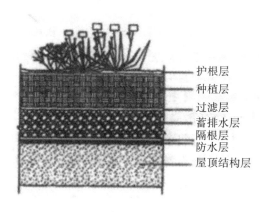

护根层
种植层
过滤层
蓄排水层
隔根层
防水层
屋顶结构层

图 3-3　屋顶绿化的典型构造

第一，护根层。这一层通常由直径为 6 ～ 12 毫米的松木、红木或杉木碎片组成，其目的是维持种植层的湿度，减少土壤对热量的吸收。它还可以防止植物的根部受到冻伤，抑制杂草生长，并持续提供有机物，确保种植层始终保持疏松状态。

第二，种植层。这一层直接影响屋顶的承重、排水和肥力。理想的种植层由多孔页岩、多孔板岩、多孔黏土和适量的细砂混合，再加入一定比例的有机物。这种组合不仅确保了土壤有适当的重量，而且比自然土更轻，在风大的屋顶上也能确保土壤和植物的稳定性。

第三，过滤层。这一层的作用是防止土壤随雨水流失，确保土壤不被冲走并防止堵塞蓄水层的孔隙。

第四，蓄排水层。过去，这一层通常由块石或卵石组成。但随着技术的进步，现在有了更多的轻质材料选择，如使用聚苯乙烯卷材替代重的块石和卵石。

第五，隔根层。位于蓄排水层和防水层之间，通常采用透水性较好的材料，如植物生长土或特制的多孔材料，用以支撑植物生长并促进根系扎根。

第六，防水层。常选用聚乙烯、聚氯乙烯（PVC）、聚合物改性沥青等材料。这些材料具有良好的耐候性和抗渗透性，能有效阻止雨水渗透到建筑结构内部，保护屋面不受水损害。

②雨水利用设计的构思。雨水回用是绿色建筑中节约和有效使用水资源的关键步骤，也是评估绿色建筑节水效果的主要标准。在设计雨水利用方案时，可以考虑以下四个方向：

第一，最大化地利用屋顶的景观池来储存雨水，以供应屋顶景观和地面绿植的灌溉需求。

第二，收集并处理地面雨水，以满足户外景观和植被的灌溉需求。

第三，通过在屋顶蓄积雨水，形成的景观池可以大幅度降低屋顶向室内传递的热量，从而有效地提高室内的热舒适度。

第四，通过将雨水引导至屋顶花园、中庭、渗透井和绿地，可以有效增加雨水的储存量，减少雨水被污染的风险，确保雨水质量，并降低处理雨水的费用和复杂性。

③雨水回用的整体设计思路。屋顶上可以设立一个调节池，存储通过土壤过滤后的雨水，用于屋顶绿化的灌溉和园区道路的清洁。对于超出容量的雨水，可以通过溢流管道排放至地面。在设计屋顶绿化结构时，应特别关注其雨水净化功能，确保雨水在流入景观区域之前已达到所需的水质标准。

如图 3-4 所示，屋面雨水的收集通过设置在过滤层下方的蓄排水层内的排水管完成，收集管的设计既有顶部开口，也有侧面开口，这有助于从上方和侧面收集雨水。此外，结构中的过滤层也至关重要的，它可以防止土壤颗粒进入管道，避免堵塞。

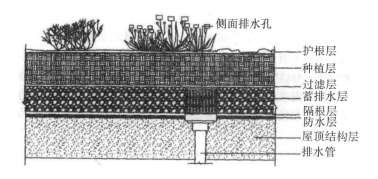

图3-4 屋面雨水收集示意图

在建筑下层建设适合本地区强降雨的蓄水池。这个池子主要收集经过屋顶绿化处理后的雨水,当雨势过大,蓄水池的设计允许其通过池壁的溢水管道排放多余雨水。蓄水池旁边还配备了一个泵房,通过这个泵房,收集到的雨水被分为两个部分:一部分被抽送到屋顶的调蓄池中,供应屋顶绿化和清洗需求;另一部分则利用蓄水池中的剩余雨水,被输送到水景区域,作为水景的水源,如图3-5所示。

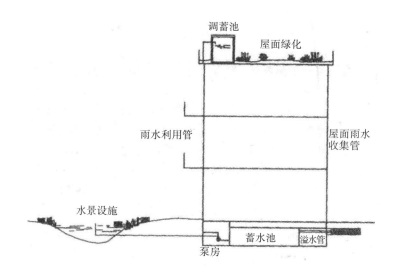

图3-5 屋面绿化雨水回用整体设计示意图

（三）海水淡化与利用

1. 海水淡化

海水淡化是一个去除海水中盐分的过程。尽管我国已经掌握了先进的海水淡化技术，但这一过程仍然需要大量的电力和能源，导致其成本相对较高。与其他淡水资源相比，海水淡化的费用更高，这也是这项技术尚未广泛商业化的原因。但随着我国经济的持续增长和市政供水价格的逐步放开，预计海水淡化技术在未来将会有巨大的市场潜力。目前，已经商业化的淡化方法主要包括蒸馏法和薄膜法。

2. 海水的直接利用

我国许多沿海城市面临淡水供应不足的问题，在这些地区，特别是沿海和岛屿地区，考虑使用海水作为建筑的冷却水和冲洗厕所的水源，这种做法可以有效地节约水资源，缓解水资源紧张的状况。

天津，作为一座缺水的城市，已有企业（如天津大港电厂、天津碱厂等）开始使用海水作为冷却水，已经建立了海水循环冷却系统。

香港在 20 世纪 50 年代末就开始尝试使用海水冲厕，最初，他们在政府建筑中试验使用经过水冷式空调系统后的温热海水冲厕，并取得了良好的效果。随后，这种方法在政府部门和政府资助的高密度住宅区得到推广，证实了使用海水冲厕的技术是完全可行的。

第四节　绿色建筑的节材技术

一、绿色建筑用料节材技术

（一）采用高强建筑钢筋

在我国的城市建筑中，钢筋混凝土是主要的建筑材料，其中钢筋的使用量尤为巨大。通常情况下，当承载能力保持不变时，钢筋的强度越高，其在混凝土中的配筋率就越低。以 HRB400 钢筋为例，与 HRB335 钢筋相比，它不仅具有更高的强度，还拥有出色的韧性和焊接性能，这使其在建筑结构中展现出卓越的技术和经济效益，采用 HRB400 钢筋还能增强钢筋混凝土结构的抗震性。因此，HRB400 及其他高强度钢筋在绿色建筑领域的应用，无疑是对钢材资源的有效节约。

（二）采用强度更高的水泥及混凝土

由于我国城市建筑普遍采用钢筋混凝土作为主要建材，每年的混凝土消耗量极为庞大。混凝土的主要职能是承受荷载，其强度越高，相同的截面积所能承受的荷载就越大，对于需要承受同等荷载的情况，高强度的混凝土可以使建筑构件的横截面积更小，如混凝土柱和梁可以更加纤细。绿色建筑中使用高强度混凝土是一种有效的方式，既可以减少混凝土材料的使用，也有助于实现建筑材料的节约和可持续性。

（三）采用商品混凝土和商品砂浆

商品混凝土是一种在集中搅拌站中，通过将水泥、砂石、水以及根据实际需求加入的外加剂和掺合料等成分，按照特定的比例进行计量和混合后的混凝土拌合物。这种混凝土以商品的形式销售，并通过专门的运输车辆在规定的时间内运送到指定的使用地点。在我国，商品混凝土的使用量相对较低，这一现状导致了大量的资源浪费，因为与商品混凝土相比，现场搅拌的混凝土在生产过程中会多消耗 10% ～ 15% 的水泥和 5% ～ 7% 的砂石。此外，商品混凝土在性能稳定性上也明显优于现场搅拌混凝土，这对于确保混凝土工程的高质量是至关重要的。

商品砂浆，也被称为预拌砂浆，是由专业生产厂家制造的砂浆混合物，主要包括湿拌砂浆和干混砂浆两种类型，与现场搅拌砂浆相比，使用商品砂浆可以大幅度减少砂浆的消耗。例如，在多层建筑结构中，如果采用现场搅拌砂浆，每平方米建筑面积所需的砌筑砂浆量为 0.20 m³，而采用商品砂浆则只需 0.13 m³，这意味着可以节省高达 35% 的砂浆。对于高层建筑来说，使用现场搅拌砂浆时，每平方米建筑面积所需的抹灰砂浆量为 0.09 m³，而采用商品砂浆则只需 0.038 m³，从而实现了 58% 的砂浆节省。虽然我国的建筑工程量庞大，但商品砂浆的年使用量相对较少。因此，为了实现资源的高效利用和节约，绿色建筑应更多地采用商品混凝土和商品砂浆。

（四）采用散装水泥

散装水泥与传统的袋装水泥形成对比，它指的是水泥在生产完毕后，无须进行小型包装，而是直接利用专门的设备或容器从生产地运输到中转站或终端用户。在绿色建筑领域，选择散装水泥作为主要材料可以有效地减少混凝土的材料消耗。

（五）采用专业化加工配送的商品钢筋

商品钢筋的专业化加工配送涉及在制造厂将盘条或直条钢材通过高级机械设备转化为钢筋网、钢筋笼等成品钢筋，然后直接销售至建筑工地。这一过程确保了建筑钢筋加工的工厂化、标准化，也促进了钢筋加工配送的商品化和专业化。由于能为多个项目同时配送商品钢筋，整体的材料浪费得到了有效控制，废料率相较于工地现场加工的钢筋废料率有了明显的降低。

目前，混凝土结构建筑工程的施工主要涵盖混凝土、钢筋和模板三大部分。虽然近些年商品混凝土配送和专业模板技术取得了迅速的发展，但钢筋加工领域的进步相对缓慢，与前两者相比显得有些滞后。长期以来，建筑用钢筋的加工主要依赖人工，只有在一些国产简易加工设备的推广下，钢筋加工才逐渐转向半自动化，而加工的主要场所仍然是施工工地。这种传统的现场加工方式存在许多问题，如劳动强度大、加工质量和进度不稳定、材料浪费、成本增加、安全风险增大、占地面积大以及噪声污染等。为了满足绿色建筑的需求，提高建筑用钢筋的工厂化加工水平并实现钢筋的商品化专业配送已成为行业的发展方向。

二、绿色建筑结构节材技术

（一）房屋的基本构件

每栋独特的建筑物是由众多特定的构件按照一定的顺序和规律组装而成的。从功能和受力角度来看，这些构件主要划分为两大类：结构构件和非结构构件。

1. 结构构件

这类构件主要承担建筑的支撑和受力功能，如楼板、横梁、承重墙和立柱等。当这些构件按照特定的方式组合在一起时，它们形成了各种不同的结构受力系统，如框架结构和剪切墙结构。这些系统的主要任务是支撑和分散建筑物所受到的各种垂直和水平荷载，以及其他可能的外部作用力。

2. 非结构构件

这类构件并不直接参与建筑的主要支撑功能，而是作为独立的、自承重的构件存在，如轻质隔墙、幕墙系统、悬挑天花板和内部装饰元素等。尽管这些构件可以独立存在并自行承重，但在大多数情况下，它们被视为作用在主体结构上的附加荷载。

（二）建筑结构节材技术

1. 砌体结构

砖砌体是由砖块与砂浆组合而成的，单独的砖块无法直接构成墙体或其他部分。选择砌体结构作为绿色建筑的构造方式具有以下特点：其明显的优势在于材料容易获取，成本较为经济，且施工方法简单直接。然而，这种结构方式也存在不足，如其结构强度相对较低，自身重量大，可能显得较为笨重，而且所能创造的建筑空间和高度有一定的局限性。

2. 钢筋混凝土结构

钢筋混凝土结构在绿色建筑中的应用带来了一系列益处：其主要材料可以在本地获取，混合比例合理，结构的整体强度和韧性相对较高；它还能提供较大的建筑空间和高度，具有一定的灵活性，成本适中，且施工过程简洁。但是，虽然其自重相对砌体结构有所减轻，但仍然偏重，而且这种结构的回收效率不太高。

3. 钢制结构

钢制结构主要由各种不同性能和形态的钢材构成。在绿色建筑中，采用钢制结构有以下明显的优势：其结构轻巧且强度高，能够创造出宽敞的建筑空间和高度，整体上具有很高的强度和延展性；它适合大规模的工业化生产，施工过程迅速且高效，而且这种结构的回收率也相当高。但是，其造价在当前的经济环境下相对较高，工业化施工的标准也相对较高，在广泛推广的过程中还需克服一些障碍。

三、绿色建筑装修节材技术

为建筑进行一次性全面装修，既有益于资金的节约，又能降低环境污染和避免因重复装修产生的邻里纠纷，更有助于延长房屋的使用寿命。采纳"菜单式"装修策略（也可称为模块化设计方法）是一个可行的方案。这种策略涉及房地产开发者、装饰公司和购房者之间的协商，为不同的户型提供多种装修选项供消费者挑选。购房者可以根据自己的喜好，从提供的模块中选择适合的客厅、餐厅、卧室和厨房设计。随后，设计专家可以根据所选模块进行组合，并考虑颜色、材料和装饰细节等因素，确保整体设计的统一与和谐，从而实现设计成本的优化。

第五节　绿色建筑的室内外环境控制技术

一、绿色建筑的室内环境控制技术

绿色建筑的室内环境包括声环境、光环境、热湿环境和空气质量，如图3-6所示，其控制技术自然是对以上四种室内环境的控制技术。下面以绿色住宅为例，对绿色建筑的室内环境控制技术进行介绍。

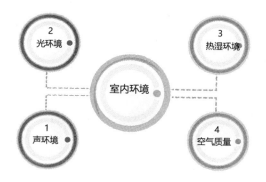

图 3-6　绿色建筑的室内环境

（一）室内声环境的控制

随着城市化的步伐日益加速，噪声问题逐渐成为都市生活的常态。为确保建筑的声环境品质，关键在于对振动和噪声进行有效管理，从而营造宁静的室内外声环境。

1. 对环境噪声的管理

制定噪声管理策略需要遵循以下基本步骤。

第一，进行噪声现场调查，明确噪声的声压级，并深入了解噪声的来源和周边环境状况。

第二，根据噪声实际情况和相关噪声标准，明确需要降低的噪声声压级。

第三，根据实际情况和可行性，实施综合性的降噪方案。

2. 建筑群及建筑单体噪声的控制

（1）完善整体规划策略。在建筑的规划阶段，应采纳缓解交通噪声的设计策略和技术手段，从噪声源头进行干预，实现问题的根本解决。对位于居住区外围的不可避免的交通流动，可以通过调控车辆流量来降低其产生的噪声。在决定居住区的选址时，应从声环境的视角对其进行评估，确保噪声控制成为居住区建设的关键考量，并将其纳入基建项目的必要流程中。当绿色建筑完工后，环境噪声是否达标应成为验收的重要标准。

（2）沿街部署对噪声不敏感的设施。将对噪声不敏感的建筑物布置在沿街位置，作为一道"声音屏障"，有助于减轻噪声对居住区的干扰。此类建筑物包括不需要特别隔音的设施（如商务大厦），或虽有隔音需求但其外部结构具备良好隔音性能的建筑（如配备空调的酒店）。

（3）在住宅设计中增强防噪。当其他缓解噪声的策略未能满足噪声标准时，通过增强住宅的围护结构来隔绝噪声是一种实用的方法。在设计绿色住宅时，应全面考虑建筑的隔音距离、方向选择及平面布局等因素。在平面设计中，应确保卧室远离噪声，例如，沿街的住宅应尽量将主卧室设置在远离街道的一侧，而将辅助空间，如楼梯间、储物室、厨房和浴室等，布置在靠街的一侧。如果难以满足上述条件，可以考虑在临街的公共走廊或阳台上采用隔音措施。

（4）增强建筑内部的声音隔离。建筑内部的噪声主要通过墙体和楼板传播。为了减少这种噪声传播，可以通过提高墙体和楼板的隔音性能来实现，此方法可以保障室内的宁静，为居住者创造一个更为舒适的生活环境。

（二）室内光环境的控制

充分的自然光照可以有效地减少对人工照明的依赖，降低能源消耗和生活开销，对于居住者的身体健康和心理状态也是有益的。在绿色住宅的光照设计中，有几个关键的考虑因素需要重点关注。

1. 采光的数量

在规划室内的光照环境时，必须评估是否能获得适当量的阳光，并据此计算出所需的采光系数。采光系数是一个描述在阴天时，阳光在室内特定平面某一点上产生的照度与在同一时刻、相同地理位置、在室外无遮挡地方的水平面上产生的照度之间的比例。此外，阳光在室内特定平面上的照度会直接决定室内的光照效果。这种照度由三种光源组成：天空漫射光、通过周围建筑或遮挡物的太阳反射光和光线通过窗户经室内各个表面反射落在给定平面上的光。这三种光源的贡献可以通过简化的图解方法来估算。

2. 采光质量的重视

采光质量是健康光环境重要的基本条件，包括采光均匀度和窗眩光的控制。确保光照的均匀分布和控制眩光是为了提供一个舒适且对眼睛友好的室内环境。

第一，采光均匀度描述了工作面上最小采光系数与平均采光系数的比值。通常，顶部的采光均匀度应不低于0.7，而对于侧面采光则没有明确的规定，这是因为侧面采光的系数是基于最小值来确定的，所以在大多数情况下，其均匀度都能满足某些国家规定的不低于0.3的标准。

第二，眩光问题主要源于太阳的直接照射和光滑表面反射的光线，其中，窗户产生的眩光是最主要的干扰因素。目前，尚无明确的标准来限制由采光引发的眩光。为了确保室内光环境的健康，避免由于强烈的亮度对比导致的眩光，有一些普遍接受的原则可以遵循，即观察的目标（或物体）与其相邻表面的亮度比应保持在1∶3以上，而该目标与更远的表面的亮度比应不低于1：10。

在进行采光设计时，为了减少窗户产生的不舒适眩光，可以采纳以下策略：

第一，工作区域应尽量避免阳光的直接照射。

第二，工作人员的视线背景不应是窗户，以减少由此产生的眩光。

第三，可以设置室内外的遮挡设备来控制光线。

第四，窗户的内部表面或其周边的墙面应使用浅色装饰，以减少反射光线带来的不适。

3.采光材料

现代的采光材料，如玻璃幕墙、棱镜玻璃和特种镀膜玻璃，在提高采光质量方面起到了积极作用。但是，这些材料也可能导致光污染问题，特别是在商务中心和住宅区，例如，位于街道旁的玻璃幕墙反射的阳光可能在道路上或对行人产生强烈的眩光。为了解决这种眩光问题，可以采用简单的几何图形进行设计和调整。

4.采光形式

现在，建筑的采光方式主要分为侧面采光、顶部采光和结合两者的混合采光。由于城市中高楼大厦的数量持续增长，建筑之间的遮挡导致光线受到限制，这种情况使得许多办公楼和公共图书馆在白天也需要开灯，以补偿光线不足，导致电力供应压力增大。设计环保住宅时，可以考虑使用天井、采光井或反光装置等内部采光策略，以增强外部采光不足的部分，并确保避免阳光直射和刺眼的光点。

（三）室内热湿环境的控制

室内的温湿度环境是由空气温度、湿度、空气流动速度和围护结构的辐射温度等因素共同决定的，这也是建筑环境中的核心内容。对于绿色住宅，确保良好的热湿环境的技术手段主要有两种：一是主动保障技术，二是被动保障技术。

1. 主动保障技术

主动环境保障依赖于机械和电气设备，目的是融合自然环境的优势，避免其不利因素，创造理想的室内环境。该技术主要包括冷却塔供冷系统、蓄冷低温送风系统和去湿空调系统。

（1）冷却塔供冷系统。这种系统在外部气温较低的情况下，通过冷却塔内的循环水直接或间接地为空调系统提供冷却，这意味着在某些情况下，无须启动冷冻机就可以为建筑提供所需的冷量。该方法可以减少冷水机组的能源消耗，实现节能。在国外，冷却塔供冷技术已经得到了迅速的发展和应用。

（2）蓄冷低温送风系统。作为一种蓄冷技术，蓄冷低温送风系统在空调设计领域已经得到了广泛应用。虽然这种系统对终端用户可能不会直接节省能源，但它可以平衡城市的电力需求，提高电力生成的效率，并有助于减少对环境的负担。

（3）去湿空调系统。这种系统的工作原理相对直接。室外的新鲜空气会经过一个去湿转轮，其中的固体去湿剂会对其进行处理。接着，这些空气会经过另一个转轮（热回收转轮），与室内的排风进行全热或显热交换，从而回收能量。经过去湿和降温处理的新鲜空气随后与回风混合，经过冷却器进一步处理（此时，冷却器基本上进行的是干冷处理）后被送入室内。

2. 被动保障技术

被动式环境保障策略依赖于建筑的固有特性和自然资源，以确保室内环境的舒适性。这种策略主要集中在太阳辐射的管理和自然通风的利用上。

（1）太阳辐射的管理。为了有效地控制太阳辐射，可以采取以下措施：

第一，选择节能型的玻璃窗户，这种窗户可以有效地隔绝热量。

第二，设计遮檐，这样可以引入可见光，同时避免直接的日照。

第三，利用通风窗技术，通过将空调的回风导入双层窗的夹层空间，以消除日照引起的热量。

第四，利用建筑的中庭结构，将自然光线导入室内。

第五，采用光导纤维技术，将光线引入室内，同时将热量留在室外。

第六，在建筑外部设置遮阳板，这些遮阳板可以与太阳能电池结合，既可以减少空调的负担，又可以为室内照明提供额外的能源。

（2）自然通风的应用。自然通风不仅是简单地打开窗户，在高度密集的城市环境中，要充分利用自然通风，需要进行深入的分析和策略规划。实施自然通风的步骤如下：

第一，研究建筑所处地点的气候条件，包括主导风向和周围环境。

第二，根据建筑的功能和通风需求，确定所需的通风量。

第三，设计有效的气流路径，包括确定入口（如窗户和门的大小及其开关方式）、内部流动路径（如中庭、走廊或其他开放空间）和出口（如中庭的顶部窗户、通风口的大小和形状等）。

第四，在必要时，可以考虑结合自然通风和机械通风的方式，并考虑安装自动控制和调节设备，以优化通风效果。

二、绿色建筑的室外环境控制技术

这里主要以室外热环境为研究对象，介绍绿色建筑的室外环境控制技术。根据生态气候地方主义理论，绿色建筑的设计应该遵循"气候—舒适—技术—建筑"的过程。室外热环境规划设计的具体步骤如下：

第一，进行深入的调查，收集设计地点的各种气候和地理信息，包括但不限于温度、湿度、日照强度、风的方向和强度，以及周围建筑的布局和附近的绿地或水体分布等关键因素。

第二，对收集到的气候地理数据进行评估，以确定这些要素对所在区域环境的具体影响。

第三，在评估的基础上，运用技术手段来解决由气候地理要素带来的与区域环境需求之间的潜在冲突或矛盾。

第四，根据具体的地理位置和环境，确定各种气候要素的优先级，并采用适当的技术和策略进行建筑设计，以确保找到最佳的设计解决方案。

室外热环境控制技术的实施措施有如下三种：

第一，地面铺装。地面铺装根据其透水特性可以被分类为透水和不透水两种。在不透水铺装中，水泥和沥青是两种常见的材料，它们的特点是它们不允许水分透过，因此没有由于潜热蒸发带来的降温效果。当水泥和沥青地面受到太阳辐射时，它们吸收的热量部分通过导热与地下进行交换，部分以对流的方式释放到大气中，而其余的与周围空气进行长波辐射交换。这种特性使绿色建筑的室外热环境得到了有效的调节。

第二，设置绿化。植被和水体既可以降低气温和调节湿度，还能为室外空间提供遮阳和改善通风质量，为人们创造一个更加舒适的室外环境。

第三，设置遮阳构件。上文也提到遮阳措施，遮阳构件可以提高室外空间的舒适度，例如，遮阳伞是一种在现代城市公共空间中广泛使用的遮阳工具，在夏季，许多商家会在室外活动中使用大型遮阳伞来遮挡炎热的阳光；而百叶遮阳有其独特的优势，它通风效果良好，能有效降低其表面温度，还可以通过调整百叶的角度，根据夏冬季节太阳的高度差异，更加高效地利用太阳能。

第六节 绿色建筑的照明技术

一、绿色照明的内涵与宗旨

绿色照明有助于节约能源和保护环境，增强人们在工作、学习和日常生活中的效率和生活品质，同时维护身体和心理健康。绿色照明的核心理念囊括了"高效、节能、环保、安全和舒适"这五大要素。其中，高效节能代表着用更少的电能获取充足的光照，这样可以显著降低电厂排放的大气污染物，实现环境保护的目标；而安全和舒适则意味着提供明亮、柔和的光线，避免产生紫外线、眩光和其他有害的光照，确保没有光污染。

绿色照明的宗旨可以概括为以下四个方面：

第一，保护环境。包括在照明设备的整个生命周期中减少污染物的排放，使用清洁的光源、天然光源和环保材料，并有效地控制光污染。

第二，节约能源。例如，使用紧凑型荧光灯代替传统的白炽灯可以节省超过 70% 的电能。高效的电光源还可以减少灯具释放的热量，从而降低能源消耗。

第三，提高效率。为人们提供一个健康、舒适、愉悦和安全的高品质照明环境，这种环境有助于提高工作和学习的效率，并且其价值远超过节省的电费。

第四，塑造现代光文化。绿色照明不只是一种技术，更是一种体现现代文明和可持续发展理念的文化。

二、绿色照明的能效限定值与能效等级

能效限定值：这是国家规定的产品最低能效标准。任何低于此标准的产品都被视为不合格，是国家明确要求淘汰的。

能效等级：这是基于一种能源消耗产品的能效范围内，按照从高到低的能效值划分的不同级别。每一个能效值范围都对应一个特定的能效等级。

在我国的能效标准中，"能效限定值"具有强制性，而"能效等级"在未来也将成为强制性标准。能效等级是用来区分电器产品能效高低的一种方法。根据国家的相关规定，我国目前的能效标识将能效分为五个等级，即 1、2、3、4 和 5。其中，1 级代表产品的能效已经达到国际领先水平，也就是最节能的，消耗的能源最少；2 级表示产品相对节能；3 级代表产品的能效与我国市场的平均水平相当；4 级则意味着产品的能效低于市场的平均水平；5 级是市场的入门标准，任何低于这一等级的产品

都不被允许生产和销售。

为了更好地在广大消费者中推广节能意识，中国的能效标识采用了三种方式来直观地展示能效等级信息：首先是文字描述，如"耗能低""中等""耗能高"；其次是数字表示，即"1、2、3、4、5"；最后是通过颜色来传达相关信息的等级指示标志。在这里，红色意味着禁止，橙色代表警告，而绿色象征着环保和节能。

三、绿色照明的舒适性指标

绿色照明的目标是为人们提供满足视觉需求的光线，确保舒适性。这种舒适性主要在以下四个方面得到体现：

（一）照度

照度描述的是光源发出的光线在特定表面（如工作台面，通常位于 0.75 m 高度）上的亮度分布。自然光提供了最佳的照度分布，其在人的视觉范围内的均匀度达到 100%，这使得视觉体验更为出色，长时间观察也不会感到疲劳。因此，照明设计应追求照度的均匀分布。

（二）显色性

显色性对于识别物体的颜色、视觉效果和舒适度都至关重要，当光源的显色指数较高时，观察到的物体和人的形象会更加真实和生动，照明设计时应选择具有适当显色指数的光源。

（三）色表

根据相关的色温，色表可以分为三类。在需要温暖和舒适氛围的低照度场所（150 ～ 200 lx 以下），建议使用暖色调；在高照度场所（750 lx 以上）或热带地区、高温工作环境中，冷色调更为合适；而在大部分场合，中性色温是最佳选择。

（四）避免眩光

眩光可能导致眼部不适，严重时甚至可能损伤视网膜，引发失明，为了避免这种情况，建议在灯具上采用措施来消除直接和反射的眩光。最佳的方法是对光源进行漫射处理，这样可以最小化光能损失，并确保光线柔和地进入人的视野。

四、绿色照明的设计

绿色照明设计综合考虑技术和建筑设计两个方面。在技术层面，涉及挑选适宜的灯具类型、照明设备以及控制系统。在建筑设计层面，关键在于空间的合理几何布局、建筑表面的恰当选择，以及照明设备与几何空间、其他元素（如管道系统）和自然光源之间的精确配置。这两个方面共同追求的核心目标都是确保人工照明系统的效率和品质得到最大化的提升。

（一）绿色照明的设计策略

在进行照明设计时，有几个关键点需要重点考虑：一是要制定详尽的采光照明方案，明确自然光与人工光如何协同工作和互相补足；二是要设定照明系统的目标和标准，包括为不同工作任务所在的空间确定所需的工作面照度，以及为整个空间背景环境设定所需的照度级别；三是选择合适的光源和灯具，目标是确保在照度和效率上能获得最高的性价比。

从绿色照明的角度看，照明工程设计不是单一的设计任务，而是一个综合性的系统设计，涉及照明系统本身的效率，并且要考虑人们在这种照明环境下的生理和心理效率，如图 3-7 所示。

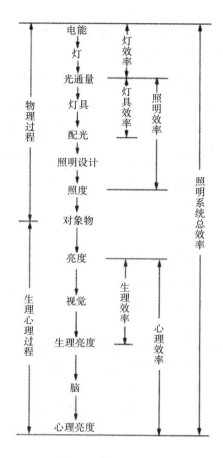

图 3-7　照明过程与效率

（二）绿色照明设计的具体内容

1.照明标准的选择

照明标准是基于照明需求的不同层次来设定的。通常情况下，根据房间的普通需求来选择照度的基准值，但对于有特殊要求的场所，可以根据其档次要求相应地提高或降低照度标准。选择适当的照度标准有助于实现照明的节能目标。

在某些特定情境下，建议将参考平面或工作面的照度提升一个档次。这些情境包括：①视觉距离超过 500 mm；②长时间进行需要高度集中的视觉任务，可能对视觉器官产生影响；③快速且困难地在活动面上识别对象；④视觉任务对操作的安全性有特定要求；⑤对象的反射比较低或存在低对比度；⑥高精度的工作，其中的错误可能导致重大损失；⑦年纪较大的工作人员长时间进行视觉工作；⑧建筑的标准要求较高。

当满足以下条件之一时，建议将参考平面或工作面的照度降低一个档次：①进行短暂的临时工作；②工作的精确性和识别速度不是关键因素；③存在特别高的反射比或亮度对比；④建筑的标准相对较低；⑤所在地区的能源供应较为紧张。

2. 照明方式的选择

照明方式是基于照明设备的安装位置或光线分布来定义的基础格式。从安装位置的角度看，可以分为常规照明、特定区域照明和两者的组合；从光线分布和照明效果的角度看，可以分为直射照明和反射照明。选择适当的照明方式对于提高照明质量、增加经济效益和节省能源至关重要，同时也会影响整体建筑装饰的艺术效果。

以下是不同照明方式的设计原则：

第一，在需要高照度的照明场所，推荐使用混合照明方式。通过在工作区附近使用特定区域照明，可以实现高照度和低能耗的目标。

第二，在工作位置集中的场所，可以选择单一的常规照明方式，但照度不应过高，通常最大值不应超过 500 lx。

第三，对于工作位置密度不均或是沿一生产线的场所，可以考虑分区常规照明。工作区可以有较高的照度，而通行区或走廊则可以有较低的照度，这样可以大大节省电能。但是，工作区和非工作区的照度比例不应超过 3：1。

第四，在一个工作场所中，不应仅依赖特定区域照明。例如，在高大的工厂内，可以在高处使用常规照明，而在墙壁或柱子上安装灯具，这也是一种节能方法。或者，在有常规照明的前提下，将照明设备安装在家具或设备上，这也是一种有效的照明节能策略。

3. 照明环境的设计

照明环境的设计涉及多个关键因素，包括适当的照度、均衡的亮度分布、有效的眩光和光线方向管理，以及光源的色温和显色性等。

（1）确保照度的均衡性。在我们的工作和居住空间中，如果视野中的照度分布不均匀，可能导致视觉不适，工作区的照度应保持均匀，并且与其周围环境的照度差异不应过大。照度均匀性通常通过比较工作区最低照度与平均照度来评估，照度比则是用来描述某一表面照度与工作区的照度之间的关系。为了实现理想的照度分布，需要确保灯具的安装距离不超过其推荐的最大距离和高度比。

（2）确保适宜的亮度。在工作区域，均匀的亮度分布是创建舒适视觉环境的关键。如果视野中不同区域的亮度有显著差异，特别是当视线经常在这些区域之间移动时，可能导致视觉疲劳。通常，当观察对象的亮度是其周围环境的 3 倍时，可以提供舒适的视觉体验和清晰的视觉效果，观察对象与其周围环境的反射比应控制在 0.3 ～ 0.5 的范围内。

为了在室内实现理想的亮度比，需要减少灯具与其周围以及天花板之间的亮度差异。天花板的反射比应为 0.7 ～ 0.8，墙面的反射比应为 0.5 ～ 0.7，而地面的反射比应为 0.2 ～ 0.4。此外，通过适当增加工作对象与背景的亮度对比，可以更有效地提高视觉效果，这更为经济，且有助于节省电能。

（3）光线的方向控制。光线从不同的方向照射到物体上，会在物体上形成各种阴影、反射和亮度分布，这些都会对人的视觉和心理产生不同的影响。物体的质感，如粗糙度和凹凸感，往往是通过产生的微小阴影来展现的，使用从斜侧方向照射的定向光可以更好地突出这种材质感。

阴影对人的感知有两种主要影响：①当工作面上出现手或身体的阴影时，它可能会降低物体的亮度和亮度对比度，影响人的视觉体验。为了避免这种情况，可以选择具有扩散性的灯具，并在布局时加以考虑。②为了展现立体物体的三维感，适当的阴影是必要的，因为它可以增强物体的可见度。为了达到这一效果，光线应从单一方向照射，而不是从多个方向。当立体物体最亮和最暗部分的亮度比为 2：1 或更低时，会给人一种平淡的感觉。而 10：1 的亮度比则会给人留下深刻的印象。最理想的亮度比是 3：1。

（4）光的色温和显色性的管理。不同色温的光源会给人带来不同的温暖或冷凉的感觉。这种由光源色刺激引起的主观体验被称为色表。室内照明光源的色表及其相关色温与人的主观感受的一般关系如表 3-2 所列；光源的色表分组和适用场所如表 3-3 所列。此外，在需要准确辨识物体颜色的场所，确保光源的显色性是至关重要的，这样可以使人们清晰地看到物体的真实颜色。

表3-2 对照度和色温的主观感受

照度（lx）	对光源色的感觉		
	暖	中间	冷
≤ 500	愉快	中间	冷
500 ~ 1000	↑	↑	↑
1000 ~ 2000	刺激	愉快	中间
2000 ~ 3000	↓	↓	↓
≥ 3000	不自然	刺激	愉快

表3-3 光源的色表分组和适用场所

色表分组	色表特征	相关色温（K）	适用场所举例
I	暖	<3300	客房、卧室等
II	中间	3300 ~ 5300	办公室、图书馆等
III	冷	>5300	高照度水平或白天需补充自然光的房间、热加工车间

（5）眩光控制。在照明设计领域，眩光是一个需要特别关注的问题，主要分为直接眩光和反射眩光。直接眩光是由于光源或灯具的高亮度直接导致的，而反射眩光则是由光线照射到高反射率的表面，尤其是像抛光金属这样的镜面材料所产生的。

为了控制直接眩光，可以采取以下措施：①选择合适的透光材料。使用漫射材料或特定几何形状的不透光材料制成的灯罩，可以有效地遮挡高亮度的光源。②控制灯具的遮光角度。建筑照明设计标准为直接型灯具设定了最小遮光角的规定，具体可以参考表3-4。

表3-4　灯具的最小遮光角

光源平均亮度（kcd/m²）	遮光角（°）
1～20	10
20～50	15
50～500	20
≥500	30

反射眩光是当灯具的光线照射到明亮的表面并反射到人的眼睛时产生的。这种眩光有两种主要形式：一是光幕反射，它会降低视觉对象的对比度；另一种是出现在视觉工作对象旁边的反射眩光。为了预防和减少这两种反射眩光，可以采取以下策略：①合理布置工作人员的工作位置和光源的位置。确保光源在工作面上产生的反射光不会直接射入工作人员的眼睛。如果无法满足这一要求，可以考虑使用方向合适的局部照明。②选择低光泽度和漫反射材料作为工作面。③使用大面积、低亮度的灯具，并选择无光泽的顶棚、墙壁和地面材料。在顶棚上安装合适的灯具可以提高顶棚的亮度。

4.照明器材的选用

（1）使用高效光源。高效的光源种类繁多，每种光源都有其独特的特性和最佳应用场景。例如，低压钠灯以其高光效性能而著称，通常被用于道路照明；高压钠灯则更适合室外照明；金属卤化物灯既可室内使用，也可室外使用，其中低功率的适合层高不高的室内空间，而大功率的则更适合体育场所和建筑的夜景照明。在荧光灯中，三基色荧光灯的光效是最高的；而高压汞灯的光效相对较低；卤钨灯和白炽灯的光效则更是偏低。在照明设计中，应根据实际需求选择最合适的灯具。各种点光源的技术指标如表3-5所示。

表3-5　各种点光源的技术指标

光源种类	光效（lm/W）	显色指数（Ra）	色温（K）	平均寿命（h）
普通照明	15	100	2800	1000
卤钨灯	25	100	3000	2000～5000
普通荧光灯	70	70	全系列	10000
三基色荧光灯	93	80～98	全系列	12000
紧凑型荧光灯	60	85	全系列	8000
高压泵灯	50	45	3300～4300	6000
金属卤化物灯	75～95	65～92	3000/4500/5600	6000～20000
高压钠灯	100～200	23/60/85	1950/2200/2500	2400
低压钠灯	200	>75	1750	28000
高频无极灯	55～70	85	3000～4000	40000～80000
发光二极管（LED）	70～100	全彩	全系列	20000～30000

在选择光源时，应考虑以下几点：①尽可能限制白炽灯的使用。尽管白炽灯安装简单、成本低，但其光效不高、耗能大且使用寿命短。②

推荐使用细管径的荧光灯和紧凑型荧光灯。这些荧光灯不仅光效高、使用寿命长，而且能有效节约电能。当前，细管径 T8 荧光灯和多种形态的紧凑型荧光灯值得大力推广。③逐渐减少高压汞灯的使用。由于其光效不高且显色性能差，它并不是一个真正节能的电光源。④积极推广高光效且长寿命的高压钠灯和金属卤化物灯。这两种光源非常适合工业厂房、道路以及大型公共建筑的照明需求。

（2）使用高效灯具。选择合理的灯具配光能够有效地提高光的利用效率，实现最大的节能效果。灯具的配光应与照明场所的功能和房间的形状相匹配。例如，学校和办公室更适合使用宽配光的灯具，而高大的工业厂房（高度超过 6 米）则应使用窄配光的深照型灯具。对于较低的房间，广照型或余弦型配光灯具是更好的选择。房间的形状特性可以通过室空间比（RCR）来描述，并根据 RCR 选择合适的灯具配光形式，具体的选择可以参考表 3-6。

表3-6　室空间比与灯具配光形式的选择

室空间比（RCR）	灯具的最大允许距高比 L/H	选择的灯具配光
1～3（宽而矮的房间）	1.5～2.5	宽配光
3～6（中等宽和高的房间）	0.8～1.5	中配光
6～10（窄而高的房间）	0.5～1.0	窄配光

为了确保灯具的发光效率并节约电能，设计时选择灯具应考虑以下几个方面：①在满足眩光控制要求的前提下，应首选开放式直接型照明灯具，而不是带有漫射透光罩的封闭式灯具或带有格栅的灯具。②灯具发出的光的利用率应尽可能高，即灯具的利用系数要高。灯具的光利用系数受灯具效率、配光形状、房间各表面的装饰颜色和反射比以及房间的形状等因素的影响。通常，灯具效率越高，其利用系数越高。③选择

光通量维持率高的灯具。在灯具使用过程中，由于灯具内的光源光通量会随着使用时间的增加而减少，同时灯具的反射面可能因尘土和污渍而受到污染，导致其反射比下降，这都会降低灯具的效率，从而造成能源的浪费。

（3）进行合理的灯具布置。在房间中进行灯具布置时可以分为均匀布置和非均匀布置。均匀布置时，一般采用正方形、矩形、菱形的布置形式，如图 3-8 所示。其布置是否达到规定的均匀度，取决于灯具的距离比，即间距 L 和灯具的悬挂高度 H（灯具至工作面的垂直距离）的比值，即 L/H，L/H 值愈小，则照度均匀度愈好，但用灯多、用电多、投资大，不经济；L/H 值大，则不能保证照度均匀度。各类灯具的距离比如表 3-7 所示。

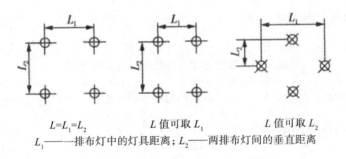

$$L=L_1=L_2 \qquad L\text{ 值可取 } L_1 \qquad L\text{ 值可取 } L_2$$

L_1——一排布灯中的灯具距离；L_2——两排布灯间的垂直距离

图 3-8 灯具均匀布置形式

表3-7 各类灯具的距离比

灯具类型	L/H	简图
窄配光 中配光 宽配光	0.5 左右 0.7 ～ 1.5 1.0 ～ 1.5	
半间接型 间接型	2.0 ～ 3.0 3.0 ～ 5.0	

为使整个房间有较好的亮度分布，还应注意灯具与顶棚的距离以及灯具与墙的距离。当采用均匀漫射配光的灯具时，灯具与顶棚的距离和顶棚与工作面的距离之比宜在 0.2 ～ 0.5。当靠墙处有工作面时，靠墙的灯具距墙不大于 0.75 m；靠墙无工作面时，则灯具距墙的距离为 0.4 ～ 0.6 L（灯间距）。

第四章　绿色建筑设计的材料选择

第一节　绿色建筑材料的内涵

一、绿色建筑材料的含义

绿色建筑是指健康型、环保型、安全型的建筑材料。在全球范围内，这些材料也被称为"健康建材""环保建材"或"生态建材"。更广泛地理解，绿色建筑材料并不仅仅是指某一种特定的建筑产品，而是强调建筑材料在"健康、环境保护、安全"等方面的标准，包括从原材料的生产、处理、施工、使用到废弃物的处理等各个环节，都要遵循环境保护的原则，并采用环保技术，以满足环境保护的标准。

二、绿色建筑材料的类型

绿色建筑材料主要分为以下五个类型，如图 4-1 所示。

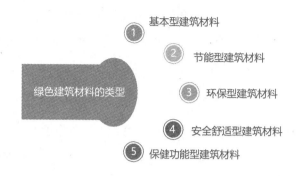

图 4-1 绿色建筑材料的含义

（一）基本型建筑材料

基本型建筑材料是指那些能够达到建筑的常规使用性能标准并对人体无害的材料。在其生产和配置中，不会过量地使用对人体有害的化学成分，这些产品也不包含过多的有害物质，如甲醛、氮气和挥发性有机化合物等。

（二）节能型建筑材料

这类建筑材料在生产阶段对传统能源和资源的需求明显减少，如聚苯乙烯泡沫板、膨胀珍珠岩防火板、海泡石、低辐射镀膜玻璃和聚乙烯管道等。采用这些材料可以有效地减少能源和资源的消耗，从而延长人类对有限资源的利用时间。这种做法对于人类和生态环境都是有益的，完全符合可持续发展的策略。

（三）环保型建筑材料

环保型建筑材料是指通过采用新的生产工艺和技术，在建筑材料行业中，将其他工业的废弃物或经过安全处理的生活垃圾转化为有价值的建筑材料。例如，利用电厂的粉煤灰等工业废料制造的墙体材料，或是用工业废渣和生活垃圾制成的水泥。化学合成的环保型乳胶漆和油漆，以及甲醛释放量低、满足国家标准的大芯板、胶合板和纤维板也都属于生态友好的建筑材料范畴。近年来，透水地坪作为一种新型的生态友好和环保道路材料，在绿色建筑领域得到了广泛的应用。

（四）安全舒适型建筑材料

安全舒适型建筑材料特是指那些拥有轻盈、高强度、防水、抗火、隔热、隔音、维持温度、调节温度、调节光线、无毒和无害等特性的材料。与传统的建筑材料相比，此类材料除关注建筑的结构性和装饰效果外，更注重为人们提供一个安全和舒适的环境，它们特别适用于室内装修和装饰。

（五）保健功能型建筑材料

健康功能型建筑材料是指那些旨在保护和增进人们健康的材料，其健康功能包括消毒、除臭、杀菌、抗霉、抗静电、屏蔽辐射以及吸收二氧化碳和其他对人体有害的气体等。这类材料不只是对人体无害，更能积极地促进人体健康。作为一种绿色建筑材料，它们越来越受到大众的青睐，并在室内装修中得到广泛应用，例如，防静电地板就是这种材料的代表，它主要被安装在计算机房、数据中心和实验室等地方，这种地板能够有效地导电，当与地面或其他低电位点连接时，可以迅速地消散电荷，实现防静电的效果。

三、发展绿色建筑材料的现实意义

（一）改善人类生存的大环境

随着全球环境问题的日益凸显，如气候变化、资源枯竭和生物多样性丧失，人们对于生态环境的保护意识逐渐觉醒，全球各地的居民都开始意识到，维护地球的生态平衡不只是为了自己，更是为了后代和整个人类的未来。在这样的背景下，建筑行业作为全球能源消耗和碳排放的主要来源之一，其在环境保护中的角色尤为重要。

绿色建筑材料的出现和普及，为建筑行业提供了一个可行的解决方案，这些材料在生产和使用过程中对环境的影响最小，能够有效减少能源消耗，减少碳排放，并且能够与自然环境和谐共生。更重要的是，绿色建筑材料还为居住者提供了更健康、更舒适的生活环境。推广绿色建筑材料既是对地球的生态环境负责，也是对人类自身负责，确保我们和后代都能在一个健康、和谐的大环境中生存和繁衍。

（二）保障居住小环境

古老的中国建筑，以其独特的韵味与和谐的自然特质，为人们提供了一个与大自然紧密相连的生活空间。这些传统建筑所使用的天然材料，如木头、泥土和石头等，都是从大自然中直接获取的，它们与周围的环境和谐共生，并且对居住者的健康无害。这种与自然的紧密联系，为人们创造了一个温馨、舒适且健康的生活环境。

然而，随着现代化的进程和建筑技术的快速发展，大量的新型建筑材料进入了市场，这些材料虽然在某些方面具有优越性，如强度、耐久性和施工便利性，但同时也带来了一些潜在的健康风险，例如，某些材料可能释放有害的化学物质，如甲醛，这些物质可能对人体健康造成长期伤害。对此，选择和推广那些对人体无害或至少满足健康标准的绿色建筑材料，既是对居住者的责任，也是对未来世代的承诺，确保他们在一个健康、安全的小环境中成长和生活。

（三）改善公共场所、公共设施对公众的健康安全影响

公共场所，如车站、港口、机场和学校等，每天都有大量的人流涌入涌出，这使得这些地方成为人们日常生活中不可或缺的部分。这些场所的建筑结构和所用材料直接影响每一个进入其中的人，如果建筑中使用的材料含有可能对人体造成伤害的成分，那么这些场所就可能成为公众健康的隐患。例如，某些材料可能会释放有害化学物质，长时间暴露

可能会导致呼吸问题、皮肤病或其他健康问题。为了确保公共场所的安全和健康，应当使用绿色建筑材料，这些材料能够为公众提供一个更加安全、健康的环境，如使用低挥发性有机化合物（VOC）的涂料可以减少室内空气污染，而采用无毒的建筑材料可以避免长期健康风险。绿色建筑材料还可以提高室内空气质量，减少过敏反应和呼吸问题。

四、绿色建筑材料的发展趋势

随着环境问题日益凸显，全球对环境保护的关注度逐渐提高，各国纷纷开始深入研究建筑材料对室内空气质量的影响，并相继出台了一系列严格的法律法规。在国际上，对于绿色建筑材料的发展方向，主要集中在三个核心理念：第一，追求简约，即在建筑项目中优先选择那些能够营造自然、朴素的生活和工作环境的材料，同时考虑到成本效益；第二，倡导自然，即强调使用天然材料，并突出其固有的自然特质，例如木结构建筑；第三，注重环保，即从对人体和环境有益的角度，选择并生产建筑材料。

下面重点探讨绿色建筑材料的四大发展方向：

（一）资源节约型

资源节约型建筑材料的核心理念是最大限度地减少对当前能源和资源的依赖，这不仅意味着减少使用，还包括寻找替代原材料的方法，这种替代主要涉及在建筑材料生产中，广泛利用各种工业废料、固体废物和城市垃圾等，替代传统的原材料，如将粉煤灰、尾矿渣等掺入水泥和混凝土中，或使用煤渣、煤矸石和粉煤灰作为原料，生产环保的墙体材料。该方法有助于减少环境污染，实现资源的再利用，节约土地资源。

（二）能源节约型

建筑领域是能源消耗的主要领域，而建筑的能源消耗与所用建筑材料的特性紧密相关。为了应对建筑领域的高能耗问题，关键在于研发和推广能源节约型的绿色建筑材料。这类材料的发展方向无疑是朝着更高的节能效益前进。

（三）环境友好型

环境友好型建筑材料的生产采纳了最新的清洁技术和工艺，确保在整个生产过程中不使用有害原料，且无任何有害排放。此类材料的废弃物可以被其他行业所利用，使用过程中对人和环境均无害，当这些材料达到使用寿命后，还可以被回收和再利用。

（四）功能复合型

现代绿色建筑材料的一个显著发展趋势是其功能复合性，这些材料在使用中具有环境净化、修复和治理的能力，而且不会产生二次污染，且易于回收和再生。此外，这些材料还具有如抗菌、除臭、隔热、防火、调温、抗静电等多种特性。例如，将抗菌剂融入陶瓷釉料，既可以维持陶瓷的原有功能，又能够增添抗菌和杀菌的特性。这样的材料特别适用于食堂、酒店和医院等场所，能够有效地净化环境，预防疾病的发生和传播。墙面涂料中也可以加入各种功能性材料，增强墙面的功能性，为建筑物创造一个更加健康、舒适的生活环境。

第二节　绿色建筑对建筑材料的要求

在过去，建筑材料的开发主要基于其力学性能，如结构材料追求高强度和高耐久性，而装饰材料则注重其装饰效果和美观性。然而，进入21世纪，建筑材料的设计和制造开始更多地考虑人类的长期健康和福祉，这种转变是为了确保建筑的可持续性，以满足社会的可持续发展目标。绿色建筑对建筑材料提出了一系列基本要求，主要集中在以下几个方面，如图4-2所示。

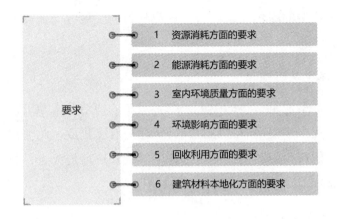

图 4-2　绿色建筑对建筑材料的要求

一、资源消耗方面的要求

在资源消耗方面，绿色建筑对建筑材料具有以下几个方面的要求：

（1）优先选择那些可以循环再利用的建筑材料。

（2）尽量避免或减少使用由不可再生资源制成的建筑材料。

（3）倾向于选择具有良好耐久性的建筑材料，这有助于延长建筑的使用寿命。

（4）选择那些可以循环再利用或可生物降解的建筑材料。

（5）优先使用由各种废弃物制成的建筑材料，从而减少在建筑材料生产过程中对天然和矿产资源的依赖。

二、能源消耗方面的要求

在能源消耗方面，绿色建筑对建筑材料具有以下几个方面的要求：

（1）优先选择那些有助于降低建筑整体能耗的材料。

（2）倾向于使用在生产过程中能源需求较低的材料。

（3）选择那些能够有效利用可再生能源的材料，从而在生产阶段减少能源使用并保护环境。

三、室内环境质量方面的要求

在室内环境质量方面，绿色建筑对建筑材料具有以下几个方面的要求：

（1）选择的材料应能够为室内创造出高品质的空气、温度舒适度、光照、声学和视觉效果，确保居住者的健康和舒适。

（2）倾向于使用对室内环境有益的材料，并努力优化现有的基础设施。

（3）选择材料时应考虑材料的高效利用，以减少浪费。

四、环境影响方面的要求

在环境影响方面，绿色建筑对建筑材料具有以下几个方面的要求：

（1）选择的建筑材料在生产阶段应具有较低的二氧化碳排放，从而减少对环境的负面影响。

（2）建筑材料在其生产和使用过程中应对大气污染产生的影响最小化。

（3）建筑材料应对生态环境的压力降至最低，减少对自然环境的污染，以确保生态环境的健康和稳定。

五、回收利用方面的要求

建筑行业是能源和材料消耗的主要领域，随着环境问题的加剧和资源的逐渐减少，如何确保建筑材料的可持续性并提高其综合利用率已成为一个受到广泛关注的问题。当建筑被人为拆除或因自然灾害而受损时，会产生大量的建筑废料，如废砖、混凝土碎片、木材和金属废料等，如果能够将这些废料转化为可再利用的建筑资源，不仅可以保护环境，减少对环境的压力，还可以节省大量的建设成本和资源。目前，从再利用的工艺角度看，旧建筑材料的再利用主要包括直接再利用与再生利用两种方式。其中，直接再利用是指在保持材料原型的基础上，通过简单的处理，即可将废旧材料直接用于建筑再利用的方式；再生利用则是指收集旧建筑材料并将其分解制成新产品。

六、建筑材料本地化方面的要求

本地化的建筑材料是为了减少运输过程中的资源和能源消耗，以及降低由此产生的环境污染。在这方面，绿色建筑对建筑材料的要求是优先考虑使用当地生产的建筑材料，提高由本地原材料制成的建筑产品在整体中的占比。此方法有助于支持当地经济，还能有效减少由长途运输造成的碳足迹。

第三节　绿色建筑材料选择的策略

一、绿色建筑材料的选择原则

（一）符合国家的资源利用政策

1. 实心黏土砖的使用限制与替代

虽然实心黏土砖因其低成本和简单的施工技术而受到一些用材单位的青睐，但为了遵循国家和地方政府的相关规定，建议避免使用实心黏土砖。空心黏土制品会占用土地资源，但在土地资源紧张的地区，建议选择质量上乘、档次较高的空心黏土制品，这样可以高效地利用土地资源。

2. 推荐使用废弃物制成的建筑材料

这种方法是将废弃物"资源化"的主要方式，也是减少对不可再生资源需求的关键措施，如采用页岩、煤矸石、粉煤灰、矿渣、赤泥、河库淤泥、秸秆等废弃物生产的各种墙体材料、市政材料、水泥和陶粒，或者在混凝土中直接加入粉煤灰、矿渣等。值得注意的是，大多数利用废弃物生产的建筑材料已经有了国家或行业标准，因此可以安全使用。但是，这些墙体材料与黏土砖的施工特性有所不同，使用单位需要为操作人员提供适当的技术培训，确保他们掌握正确的施工技术，确保工程的质量。

3. 倡导使用可再次利用的建筑材料

目前这类材料相对较少，除了某些钢和木制品，市场上已经有一些创新产品。例如，采用连锁设计的小型空心砌块，这种砌块在建筑时几乎不需要或仅需少量的砂浆，主要依赖于它们之间的连锁来形成墙体，当需要改变房屋空间并拆除某些墙体时，这些未使用砂浆的砌块可以完全被回收再用。另外，如外墙的自锁式干挂装饰砌块，它们通过叠加和自动锁定进行安装，完全不需要砂浆。当需要更换外墙装饰时，这些砌块可以轻松地完整拆下并再次使用。

4. 再生利用废旧建筑垃圾

这在国内是一个新兴的领域，它是实现废弃物"减量化"和"再利用"的关键措施。例如，将结构施工产生的废弃物经过分类、粉碎和与砂混合后，可以作为细骨料来制备砂浆。回收的废砖和废混凝土经过分类、破碎后，可以作为再生骨料，用于生产非承重墙体材料、小型市政材料、庭院材料。经过精心选择的废混凝土块经分类、破碎、筛选和混合后，可以制备 C30 以下的混凝土，其性能满足设计要求，与普通混凝土相当。在道路修复现场，使用 70% 的旧沥青混凝土和 30% 的新沥青混凝土，经过特定工艺，可以制备出合格的道路铺设材料。利用废弃的热塑性塑料和木屑作为原料，可以生产出塑木制品，这种材料既具有木材的外观，又可以锯切和钉钉，适用于制作家具、楼梯扶手、装饰线条和围栏板等。对于这些再生材料的利用，必须在技术指导下进行，并经过严格的试验和检验，以确保产品的质量。

（二）符合国家的节能政策

第一，为了降低建筑物的运行能耗并优化室内的热环境，应选择能显著改善这些条件的建筑材料。中国的建筑能源消耗在国家总能源消耗中占有一定比重，减少建筑能源消耗已成为迫切需求。为此，应采用高效的保温和隔热的围护材料，如外墙、屋顶材料以及外部门窗，在选择这些节能围护材料时，需要确保它们与整体结构系统相匹配，并特别关注其热性能和持久性，以确保长时间内能保持良好的保温和隔热效果。

第二，选择生产过程中能耗较低的建筑材料是明智的选择，因为这有助于节约能源，减少生产过程中的废气排放，降低对大气的污染，如与非烧结类墙体材料相比，烧结类墙体材料的生产能耗更高。因此，在满足设计和施工需求的前提下，应优先考虑使用非烧结类墙体材料。

（三）符合国家的节水政策

中国面临水资源紧张的问题，许多城市遭受严重的水短缺，"节约用水"已经上升为建立节约型社会的首要任务。在房屋建筑领域，节约用水是关键措施之一，而选择与建筑用水相关的建材产品尤为关键。首先，应选择高品质的水系统产品，如管道、接头、阀门及相关设备，确保管道系统无渗漏和破损。其次，推荐使用节水设备，如节水型龙头和节水马桶。再次，选择易于清洁或具有自洁功能的水设备可以减少设备表面的污染，并节约清洁用水。最后，建议在住宅小区内使用具有渗水功能的路面砖来建设硬质路面，这样可以最大限度地将雨水保留在小区的土壤中，减少对绿化的灌溉需求。

（四）不损害人的身体健康

1.确保建筑材料中的有害物质含量低于国家规定的标准

建筑材料中释放的有害物质是导致室内空气污染和对人体健康产生潜在威胁的主要因素。这些有害物质主要来源于：①合成的高分子有机材料释放的挥发性有机化合物（如苯、甲苯和游离甲醛）；②人造木板释放的游离甲醛；③天然石材、陶瓷制品、工业废渣制品以及某些无机建筑材料的放射性污染；④混凝土中的防冻剂释放的氨。在选择材料时，应仔细核查由法定检验机构提供的检验报告的真实性和有效性。对于大批量的材料或有疑虑的情况，应将进场材料送至法定检验机构进行复检。

2.合理控制室内使用可能释放有害气体的建筑材料的数量

即使所有使用的材料的有害物质含量都达到了标准要求，但如果使用过量，室内空气质量仍可能不达标，这是因为标准中列出的材料有害物质含量是基于单位面积、单位重量或单位容积的材料样本。这些材料释放到空气中的有害物质会随着材料用量的增加而增多，不同种类的材料释放的有害物质也会叠加。例如，在一个 $20~m^2$、净高 2.5 m 的房间中，如果铺设了合格的地毯，而合格的人造板超过 $8~m^2$，室内空气中的甲醛含量可能会超出国家标准，但如果所选地毯和人造板的甲醛释放量比标准低 20%，人造板的使用量可以增加到 $12~m^2$。

3.选择具有空气净化功能的建筑材料

目前，一些单位已经开发出具有空气净化功能的建筑涂料，已经上市的产品主要包括：使用纳米光催化材料制成的抗菌除臭涂料；释放负离子的涂料；具有活性吸附功能、能分解有机物的涂料。在空气受到挥发性有害气体严重污染的空间内使用这些材料，可以有效地清除污染物，达到净化空气的效果。但这些产品的价格相对较高，不能完全替代其他涂料，并且需要一定的处理时间，不能仅依赖这种补救措施，而忽视对材料有害物质含量的严格控制。

（五）选用高品质的建筑材料

建筑材料的质量应满足国家或行业的产品标准。在条件允许的情况下，应优先选择高品质的建筑材料，如高性能的钢材、卓越的混凝土、上乘的墙体材料和一流的防水材料等。

（六）材料的耐久性能优良

这一点不只是关乎工程的品质，更是实现"节约资源"的关键手段。采用高性能的结构材料能够减少建筑所需的材料消耗，当材料具备高品质和长久的耐久性时，它们的功能维持的时间也会更长。这意味着建筑的使用寿命会延长，从而在整个建筑的生命周期中减少维修的频率。此手段降低了对材料的总体需求，减少了废弃物的产生，进一步减轻了对环境的影响。

（七）配套技术齐全

建材的特点是用在建筑物上，使建筑物的性能、观感达到设计要求。不少建材产品材性很好，用到建筑物上却不能取得满意的效果，所以选择材料时除要关注其固有属性外，还需要确保有成熟的技术支持，确保材料在建筑中的应用能够充分展现其潜在优势，满足建筑的预期性能。

配套技术主要涵盖三个方面：与主材相匹配的辅助材料和配件、施工方法（包括环保施工），以及后期的维护和修复技术。以轻质墙板为例，除了要求其本身质量达标外，还需要有合适的接缝材料、与主体结构的连接部件、确保板材接合质量的施工方法，以及与墙板匹配的表面材料等。当选择塑料管材时，还需要考虑是否有与之匹配的管件或已经成熟的施工方法，以确保施工完成后的管道系统不会出现泄漏，不会造成二次污染，并且在未来易于维护。对于外墙的保温材料，除了要求其本身质量达标外，还需要有相关的技术手段来确保建成的外墙系统在热工性能和使用寿命上都能满足预期的设计要求。

（八）价格合理

通常，材料的价格与其品质是成正比的，高品质的材料往往价格较高，每种材料都有一个合适的价格区间。有些业主过于追求低价，过低的价格很可能会导致高品质材料供应商不愿提供，进而为低质量产品创造了市场机会，最终可能导致的损失将由业主或用户承担。

二、选用绿色建筑材料时的注意事项

第一，优先选择不含有破坏臭氧层化学物质的建筑设备和绝缘材料，例如，已经被淘汰的 CFC（氟氯化碳）。

第二，选择不释放有害物质的建筑材料，如有些涂料、黏合剂和刨花板可能会释放甲醛和其他挥发性有机化合物，这些物质对人体有害。

第三，倾向于选用寿命长且维护需求低的建筑材料。考虑到建筑材料的生产通常是高能耗的，长寿命和低维护的材料意味着更好的能源效益，并能减少废物产生。

第四，选择来源于良好管理的人工林的木材，避免使用来自原始森林的木材。

第五，在可行的情况下，选择几乎不需要维护的建筑材料，或者其维护对环境的影响最小。

第六，考虑选择已废弃的建筑材料，如回收的木材或金属，这有助于减轻填埋场的负担和节约资源，但要确保这些材料安全，例如检查是否含有铅或石棉等有害物质，并确保在重复使用某些材料时，如旧窗户和洁具，不会牺牲节能和节水效果。

第七，倾向于购买本地制造的建筑材料。考虑到运输会消耗能量并产生污染，本地生产的材料是一个更环保的选择。

第八，考虑购买本地制造的、由废弃材料制成的建筑材料，这样的材料可以减少固体废物的产生，节省生产过程中的能源，并保护自然资源，如使用纤维素制成的绝缘产品、由植物制成的地板砖或由回收塑料制成的塑料木材。

第九，尽量减少使用加压处理的木材，如果可能，考虑使用塑料木材替代天然木材。在处理加压木材时，工人应采取适当的防护措施，切勿焚烧产生的碎片。应尽量减少包装废料，避免不必要的过度包装。

三、绿色建筑材料的应用形式

绿色建筑材料的应用形式主要包括四种，如图4-3所示。

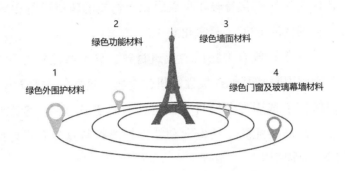

图 4-3　绿色建筑材料的应用形式

（一）绿色外围护材料

在建筑项目中，围护结构系统负责约65%的节能工作，它是达到节能环保目标的核心部分。因此，在施工阶段，应优先选择透光性能良好且具有出色保温隔热特性的玻璃材料，或是能有效利用太阳能以实现能源节约的创新玻璃材料，详见表4-1。例如，在进行大规模建筑项目时，可以考虑采用太阳能光伏屋顶材料。鉴于整座建筑的屋顶采光面积巨大，这样可以实现理想的发电效果。

表4-1　不同窗户类型传热系数

窗框材料	窗户类型	空气层厚度（m）	窗框洞口面积比（%）	传热系数[W/（m²·K）]
铝、钢	单层窗	—	20～30	6.4
	单框双玻璃或中空玻璃窗	12		3.9
		16		3.7
		20～30		3.6

窗框材料	窗户类型	空气层厚度（m）	窗框洞口面积比（%）	传热系数[W/（m²·K）]
铝、钢	双层窗	100～140	20～30	3.0
	单层窗＋单框双玻璃或中空玻璃窗	100～140		2.5

（二）绿色功能材料

那些旨在节约能源且对环境无害的装修材料、板材和保温管材等，均被归类为建筑的绿色节能环保功能材料，如节能型木地板、环保建筑涂料和化学建筑材料等。采用这类建筑材料能实现出色的装饰效果，这些材料本身还带有特定的功能性质，这些材料的双重优势使其在建筑项目中得到了广泛应用，显著提高了国内建筑项目的节能效果和整体质量，为建筑节能环保材料赋予了新的定义。在应用绿色节能环保功能材料时，应全面了解所有相关因素，以满足工程的实际和潜在需求，确保达到预定的设计目标。

（三）绿色墙面材料

在选择墙面材料时，首要考虑的是满足建筑室内的防火等级要求，在此基础上，对各类墙面材料进行评估，优先选择那些具有出色保温特性的节能环保材料，以最大限度地减少建筑内部的热量损失。当使用轻型隔墙时，特别是在需要严格控制热传导的建筑中，如办公室与仓库之间的隔墙，为了控制并减少热量传递到无须维持恒温的空间，应首选新型的节能环保墙面材料。例如，可以在轻型隔墙中加入保温材料，专门处理需要恒温的房间的墙面，或在轻钢龙骨纸面石膏板隔墙中加入保温材料，以尽量避免大量热量损失。

（四）绿色门窗及玻璃幕墙材料

应用大面积玻璃幕墙是我国现代建筑近年来的主要发展趋势，但是在实际建筑工程构成中，不应该单单注重提高玻璃幕墙的应用形式，还要给予门窗问题足够的重视力度。玻璃幕墙和门窗是建筑围护结构的主要构成因素，两者对建筑室内外热量交换、热量传导非常敏感，如表4-2所示。

表4-2　门窗传热系数的规定

地区	窗墙面积比（%）	传热系数 [W/（m²·K）]
严寒	东 <30；南 <35；西 <30；北 <25	2.0～3.0
寒冷	东 <30；南 <35；西 <30；北 <25	4.0～4.7
夏热冬冷	≤ 35	3.2～4.7
	>35 且≤ 50	2.5

第五章　不同类型的绿色建筑设计

第一节　绿色居住建筑设计

一、绿色住宅的内涵

绿色住宅注重人与自然的平衡与和谐，旨在持续并高效地使用所有资源，以实现最小的生态干扰和最优化的资源应用。其目标是节约土地、水资源、能源，改进生态环境，减少环境污染，延长建筑使用寿命，从而促进社会、经济和自然环境的持续发展。

除了满足传统住宅的基本需求，如遮挡风雨、良好的通风和采光等外，绿色住宅还应具有与环境和谐相处、维护生态平衡的独特功能。这意味着在规划、设计、建筑方法和材料选择等方面，绿色住宅应有别于传统住宅的特定标准。因此，建设绿色住宅时应根据生态学的理念，展现出可持续发展的策略。

二、居住建筑用地的规划设计

（一）居住建筑的用地控制

居住建筑的选址应优先选择地质稳定、无洪水威胁的安全地段，并尽量选择废弃土地（如荒地、坡地或其他不宜耕作的土地），以减少对耕地的占用，还要确保周围的空气、土壤和水源不会对居民健康造成威胁。在设计居住区时，需要综合考虑各种因素，如户型、朝向、布局、距离、土地条件、建筑层数、密度、绿化和整体空间环境，以高效利用土地，确保设计的多样性、均衡性和和谐性。

（二）群体组合和空间环境控制

在规划和设计居住区时，应深入考虑公共建筑与住宅的布局、交通网络、绿地布局、建筑群组合和整体空间环境的相互关系，使其形成一个相对独立且完整的系统。合理安排行人和车辆流动，确保小区内的电力、供水排水、天然气、供暖、通信和路灯等基础设施与小区道路结构相结合，并进行地下布置。根据居民人数规模，配备相应的公共服务设施和活动中心，以满足居民的需求并提供便利的社区服务。在绿化和景观设计中，应注重整体性和空间感，结合集中与分散、观赏与实用的原则，为居民提供不同层次的交往空间。

（三）居住建筑的密度控制

对居住建筑的土地使用，应对人口密度、建筑面积密度（容积率）和绿地率进行合理调整，以确保达到适宜的居住标准。

（四）居住建筑朝向与日照控制

为确保住宅建筑的日照需求，建筑间的距离应综合考虑多种因素，如地形、光照、通风、消防安全、地震防护、地下管线布置，以及避免视线冲突等。通常，通过调整与前方建筑的距离来满足日照标准。但在无法通过正面日照达到标准时，设计住宅建筑的日照间距时，必须确保不侵犯周围其他建筑的合法权益，如建筑退让、容积率和高度等。各地区的住宅日照标准应依据国家和当地相关规定执行。以下是一般的要求：

（1）对于非正南北朝向的住宅建筑，其正面间距应根据地方城市规划管理部门设定的日照标准的不同方向间距折减系数进行调整。

（2）应巧妙地利用地形差异、条状与点状住宅建筑的组合，以及住宅建筑高度的变化，合理布置住宅，有效地控制建筑间距，从而提高土地利用效率。

（五）地下与半地下空间控制

地下和半地下空间的使用应与地面建筑、人民防空工程、地下交通、管道网络和其他地下结构进行综合规划和合理布局。在同一区域内，公共建筑的地下或半地下空间应根据规划进行互联设计，地下或半地下空间主要用作机动车停车库（或设备房等），其地下或半地下停车位应占整个小区停车位的80%以上。

配套的自行车库可选择地下或半地下形式，部分公共建筑（如服务设施、健身娱乐中心、环境卫生等）也适宜使用地下或半地下空间。在考虑地下空间的设计时，应结合停车需求、设备房特性、机械停车库、地质条件以及成本控制等因素，决定是否设置单层或多层地下室。

三、绿色居住建筑的节能与能源利用

（一）建筑构造节能系统的设计

1. 规划设计中的节能设计

住宅社区的设计应与各个建筑单元和谐融合，全面考虑大尺度因素（如地理位置、方向、布局和地形）对每个建筑单元的布局产生的影响。应充分利用地理位置的自然热能和风能，确保每栋住宅在夏季能面对风向，而在冬季能享受充足的阳光，满足通风、光照和保暖的需求。建筑单元的组合方式会直接影响气流的流动，尤其是在高层建筑群中，容易产生旋涡流，导致某些区域无法实现自然通风，从而形成不良的社区微气候。

为了创造一个绿色、宜居的社区环境，应合理调整建筑单元之间的组合，确保每栋建筑都不位于其他建筑的气流死角。此外，绿地和水域可以优化社区的微气候。在设计时，应结合社区规划，合理布置绿化和水域，进一步改善室内外环境（如声音、光线、温度），降低热岛效应，优化局部气候，确保社区内的各种环境指标都满足健康、舒适和节能的标准。

2. 住宅建筑墙体节能设计

墙体作为住宅的主要外围结构，是室内外热量交换的关键部分，除了要满足基本的承重和安全围护功能外，还应选择具有良好保温隔热性能的墙体材料，并在传热性能较好的墙体或部位增加保温隔热层。

目前，国家对外墙保温材料的使用已有明确的规定，在常用的外墙材料中，烧结多孔砖、加气混凝土砌块和复合墙体具有较好的保温隔热性能，而复合墙体的保温隔热更适合采用外墙外保温方式。这种连续的外部绝热材料可以有效地隔断混凝土梁、柱等的热桥效应，形成"断桥"效果，实现预期的节能效果。此外，植物可以用来调节温度，在阳光直射的墙面上种植植物，可以吸收太阳的热量，减少向室内传递的热量。

（二）电气与设备节能系统的设计

电气与设备节能设计旨在减少建筑的电能使用，实现节能与环保的双重目标。这并不意味着要牺牲建筑的功能或盲目增加能源设计，关键是在确保必要的能源供应的前提下，通过优化电力分配设计来提高电能的有效利用。考虑项目的可行性要求权衡节能增加的投资与节能带来的经济回报，合理地采用节能设备、材料和技术。电气与设备节能设计的核心目标是减少或消除不必要的电能消耗，例如输电线路和电气设备的无效电能消耗。

建筑的电气系统主要涉及供配电系统、照明系统和建筑智能控制技术。以下是针对这三个方面的电气节能设计建议：

1. 供配电系统节能技术

住宅区的供配电系统节能主要通过减少供电线路和设备的损耗来实现。在设计和建设供配电系统时，可以通过以下方式实现节能：合理地选择变电站的位置；确定线缆的最佳路径、截面和敷设方法；采用集中或就地补偿，提高系统的功率因数，减少供电线路的电能损耗；使用低能耗的材料或工艺制造的电气设备，以减少设备的电能损耗；对于季节性负荷，如冰蓄冷，可以采用专用变压器供电，确保供电既经济又高效；在供配电系统节能方面，推荐使用紧凑型箱式变电站和变电所计算机监控技术。

（1）紧凑型箱式变电站供电技术。紧凑型箱式变电站集成高压开关设备、配电变压器和低压配电装置于一个单元中，按照特定的接线方案进行预制，形成一个户内、户外的紧凑配电设备。这种变电站将高压电接收、变压器降压和低压电分配等功能整合在一起，全部嵌套在一个具有防潮、防锈、防尘、防鼠、防火、防盗、隔热、全封闭、可移动特性的钢制箱体内。该设计实现了机电一体化和全封闭的运行模式，特别适合城市电网的建设和改造，它广泛应用于住宅社区、城市公共设施、商业中心和施工用电等场所，用户可以根据其具体的使用环境和负荷需求来选择合适的箱式变电站。

（2）变电所计算机监控技术。将现代的自动化、电子、通信、计算机和网络技术与电力设备相结合，实现了配电网在正常和异常状态下的监测、控制、计量和供电管理的有机整合。这种技术能够完成远程的测量、信号传输、控制和调整功能，旨在提供更安全、可靠、便捷、灵活和经济的供电服务，使变配电管理更为高效，提高供电质量，增强服务品质，降低运营成本。

近些年，这种计算机监控技术在变电所中得到了广泛的应用和快速的发展。为确保监控系统的安全、稳定性能，还需增强变电所对电磁干扰的抵抗能力。

2.照明系统节能技术

照明系统在建筑中占据显著的电能消耗部分，为了实现节能，设计时应确保满足视觉需求和照明效果，可以通过减少光能损失和提高光能效率来实现，如选择高效光源、使用高性能的电器配件、采纳合适的照明策略和优化照明控制方法。根据不同场合的照明度、视觉效果、功率和密度需求，电气节能设计应满足照明质量标准。例如，常规场所可以使用高效率的荧光灯，而大型工作场所和体育场馆则更适合使用高压钠灯。为了提高效率，应选择性能卓越且能耗低的电器配件，如电子镇流器、电子触发器、电子变压器和节能电感镇流器。

（1）照明器具节能技术。在选择照明策略时，应优化自然光与人工照明的结合，减少常规照明，更多地使用灵活的照明系统。在确保照明效果的同时，应优先选择高效电光源。例如，对于居民住宅、公共建筑（如配套停车场），推荐使用紧凑型荧光灯、T8荧光灯和金属卤化物灯。在条件允许的情况下，更为节能的T5荧光灯是更好的选择。延时开关，如触摸式、声控式和红外感应式，常用于居住区的走廊、楼道、地下室和洗手间等地方，为自动照明提供了简单、安全和有效的节能解决方案。在照明控制上，也应使用节能开关，如分区控制、增设开关位置、使用可调光开关和节电开关、光控开关、声控开关等，以进一步提高照明系统的节能效果。

（2）居住区景观照明节能技术。居住区的景观照明节能与多种因素有关，包括所选光源、灯具、控制系统、照明标准、照明方法，以及后续的照明设备维护和管理。为了实现最大的节能效果，应广泛采纳高光效的节能新技术和新产品，特别是经过认证的高效节能产品。应鼓励利用太阳能和风能等绿色能源进行照明，以减少城市照明的电力消耗。

第一，智能控制技术。利用光控、时控和程控等智能控制手段，可以对居住区的景观照明设备进行分区或分组的集中控制，根据不同的需求，如工作日、节假日、重要节日以及夜间的不同时间段，可以设置不同的开灯和关灯模式，这样，既能确保夜景的照明效果，又能实现节能。

第二，高效节能光源和灯具的选择。应优先采用已经获得认证的高效节能产品，并鼓励使用太阳能和风能等绿色能源进行照明，积极推广如金属卤化物灯、LED、T8/T5荧光灯和紧凑型荧光灯等高效照明光源。与此同时，搭配使用高光效和高利用系数的灯具，可以进一步提高照明的节能效果。

（3）绿色节能照明技术。绿色照明代表了一种通过精确的照明设计，结合高效、长寿命、安全且性能稳定的照明电器产品，来优化人们在工作、学习、生活及商业环境中的体验和质量的方法。绿色节能照明方式旨在为人们创造一个高效、舒适、经济且有益的环境，并展现现代照明的文化魅力。

第一，LED照明技术，即发光二极管照明技术，是基于固态半导体芯片作为发光材料的照明方法。LED光源因其固态、冷光源、小型、高光效、无频闪、低电耗、快速响应等特性而被视为新一代的节能环保光源。然而，LED灯具也存在一些局限性，如光通量较低、与自然光色温不匹配、成本相对较高等问题。此外，高功率的LED灯具有强烈的指向性，其PN结温度上升迅速，因此对灯具的散热要求较高。由于技术限制，高功率LED灯具的光衰现象较为明显。

第二，电磁感应灯照明技术。这种灯也被称为无极放电灯，是一种不依赖电极而发光的灯具，其工作原理基于电磁感应和气体放电。由于没有电丝，电磁感应灯具有高达10万小时的使用寿命，且无须维护。其显色性指数超过80，色温范围为2700 ~ 6500 K，具有高达801 m/W的光效，并且能够可靠地实现瞬时启动，其低热输出特性使其特别适合用于道路、车库等场所的照明。

3.照明的智能控制技术

随着时代的飞速发展，人们追求高品质的生活，期望享受更多的舒适度。传统观念认为，生活的舒适度与能源消耗成正比。但是智能照明技术结合了计算机、传感器、通信、网络和自动控制技术，正在以令人瞩目的速度渗透到各个行业，智能化已经成为电子产品发展的一个关键方向。智能照明控制技术的进步意味着更加节能、高效和便捷的照明，能够在合适的时机为特定地点提供最为舒适和高效的光线，提高照明环境的品质。智能照明也代表了照明行业向绿色和可持续发展的关键步骤。

（1）智能化的能源管理技术。这种技术融合了地理信息系统、遥感技术、遥测、网络通信、数据存储、微电子和多媒体等先进技术，对照明进行数字化的能源管理。它可以自动采集、整合、存储、管理和交换照明所需的各种信息，并以数字形式呈现。通过这种方式，能源管理功能可以实时监控，并通过网络化、电子化和数字化手段高效地利用能源信息。

智能能源管理系统则是居住区智能控制系统和家庭智能交互控制系统的完美结合。它主要依赖可再生能源，辅以传统能源，确保能源的生产和消耗之间达到最佳的平衡。这样既可以减少浪费，又可以降低运营成本，合理地利用自然资源，并保护生态环境。其最终目标是实现智能控制、网络化管理、高效节能和公正结算。

（2）建筑设备智能监控技术。建筑设备的智能监控技术结合了计算机和网络通信技术，对居住区中的电力、照明、空调、通风、给排水和电梯等关键机电设备进行集中的观测、操控和管理，确保这些系统的稳定和安全运行。根据不同的设备类型和功能，这些监控技术可以细分为供电监控子系统、照明监控子系统，以及电梯、暖通空调、给排水设备和公共交通管理的监控子系统等。

（3）变频控制技术。当变频调速控制技术在 20 世纪 80 年代初被引入国内时，它被标记为"3V"技术，即变频、调压和调速，这种技术通过改变电力设备的供电频率来调整设备的输出功率。我国的能源使用效率相对较低，这主要是由于经济增长的粗放模式、不合理的结构、过时的技术和管理水平不足，使用变频器对设备进行速度控制在节约能源和提高经济效益方面都具有显著的作用。

变频控制技术的优势：在不更改现有设备的前提下，可以实现无级调速，以满足设备的运行需求；变频器具备渐进启动和渐进停止的特性，减少启动时对电网的冲击，减少机械的惯性损耗；该技术不会受到电源频率的限制，可以进行开环或闭环的手动或自动控制；当设备在低速运行时，它能保持稳定的转矩输出，并具有良好的低速过载性能；随着设备转速和功率的增加，电机的功率因数也会提高，使设备运行更为高效。

四、建筑给排水节能系统的设计

建筑给排水节能系统的关键在于如何有效地节约热能和动力。为了节约热能，关键措施包括：降低热水损失，提升加热设备的效率，缩短热水管道长度并选择合适的管径，增强管道的保温性能，避免在低温环境中布置管道，以及利用太阳能和回收冷却水的废热。而动力节约的主要策略包括：使用高效的节水设备，采用叠加供水和合理的垂直分区供水，减少管网的局部阻力，提高水泵的运行效率，并控制不利位置的自由水头。

（一）给排水系统的定义与属性

在给排水系统设计和运营中，节约能源和水资源是两个核心议题。虽然在某些情况下，节约能源和水资源可以同时实现，但在其他情况下，它们可能会产生冲突，例如，节水型冲洗水箱马桶可以在节约水的同时，减少水泵的能耗，从而实现节能；而自动关闭的冲洗阀可能会增加所需的最低工作压力，导致水泵的扬程增加，其综合能耗是否减少还需进一步分析。另外，引入中水系统可能会增加能源消耗，但它确实可以节约水资源。

节能和节水是两个不同的概念，它们各自有其特定的定义，不能互相替代，即便在供水系统中，节能和节水可以同时实现，节能仍然是一个具有独特意义的概念。例如，某些热水系统的节水设备同时具有节能效果，这种节能效果主要是通过减少用水量来实现的，从而节省了热量和动力能耗。

给排水系统的能源消耗主要包括：①为加热水所需的热能，如生活用热水和开水的加热；②为提升水所需的动力，如加压供水、排水和维持水循环。在住宅建筑中，给排水系统的节能主要指的是节约这两种能源消耗。

（二）住宅小区生活给水加压技术

在城市住宅小区供水实践中，对于不能直接从市政自来水获得供应的住户，集中变频加压和分户计量是一种有效的供水方式。小区的生活用水加压系统有三种主要技术：水池与水泵变频加压、管网叠压结合水泵变频加压和变频射流辅助加压。为了防止用户直接从管网取水导致的压力波动，大部分城市的供水管理机构选择使用水池与水泵变频加压和变频射流辅助加压技术。在常规操作中，变频射流辅助加压技术是首选。

1. 水池与水泵变频加压供水方法

当市政水管的水压无法达到用户需求时，需要使用水泵进行加压。一般情况下，市政供水管通过浮球阀将水注入储水池，然后通过水泵从储水池中抽取水，经过变频加压后供应给各个用户。虽然这种系统中的水泵变频可以节省一定的电能，但无论市政供水管网的压力大小如何，向储水池补充水时都会导致供水管网的压力能量被浪费。

2. 变频射流辅助加压供水技术

当前，多数高层建筑的生活用水采用两种主要的二次加压供水方法：一是结合水泵和高位水箱的供水方式，二是变频调速供水技术。使用水泵和高位水箱的联合供水方法具有操作便捷和初期投资较低的优点，但由于水泵始终在工频状态下工作，其在高峰用水时向贮水池补水会对城市水管网的水压和流量产生影响，并且在储水池和高位水箱中存在二次污染的风险。

变频调速供水技术是近些年在二次加压供水领域中广泛采纳的方法，这种技术具有水泵软启动的特点，自动化水平高，并且二次污染的风险相对较低，从理论上看，它还带来了节能的好处。其基本工作机制：在小区用水需求较低时，市政供水既为水泵提供水源，也为水箱供水，通过射流装置实现，当水箱满时，进水浮球阀会自动关闭，此时市政供水的压力得到了最大化利用，同时市政供水管网的压力保持稳定，而在小区用水达到高峰时，水箱中的水会与市政供水一同通过射流装置供应给水系统，这时市政供水的压力利用率约为 50%，并且市政供水管网的压力变化也非常微小。

五、绿色居住建筑的节材与材料资源利用

（一）建筑结构系统

建筑结构是建筑或构筑物内部，由各种建筑材料组成，用于承载各种荷载的空间支撑体系，起到骨架的作用。根据使用的建筑材料，建筑结构可以被分类为混凝土结构、砌块结构、钢结构、轻钢结构、木结构以及混合结构等。选择住宅的结构体系时，必须考虑当地的经济状况和材料供应情况，所选的结构形式应当有助于降低建筑的自重，并尽可能地创造宽敞的空间，以便灵活地进行内部布局。

（二）建筑材料系统

建筑材料为各种建筑和装饰项目提供了物质基础，通常，材料成本约占工程总投资的 60%。历史上，建筑材料的进步为建筑赋予了其时代的特色和风格。建筑设计的持续创新和施工技术的进步，既受到建筑材料发展的限制，也受其推动。实际工程经验表明，建筑材料的特性、规格、种类和质量不仅直接决定了工程的质量、装饰效果、功能和寿命，还与工程成本、人们的健康、经济回报和社会效益密切相关。

（三）建筑技术系统

绿色住宅的建筑技术体系主要涵盖土建与装饰的一体化设计技术以及工业化集成式装修技术。

1. 土建和装修设计一体化技术

土建和装修设计的一体化技术强调在规划、建筑设计和施工图设计阶段对土建和装修的施工流程与程序进行综合考虑，这种方法坚持专门化的设计与施工，能够有效避免"二次装修"带来的不适宜、不经济、不安全、浪费材料和不环保等问题。

为实现土建与装修的一体化设计，建筑师必须在设计阶段就融合这两个方面。当土建设计方案得到确认后，装修设计团队应及时参与，根据住宅的内部布局、设备和管道位置，提出对应的装修设计建议。这两种设计方案应相互完善并进行适当的调整。在设计中，关键是解决土建、设备与装修之间的连接问题，确保界面的无缝对接，实现装修的标准化、模块化和通用化，这为装修的工业化生产奠定了基础，改变了土建与装修之间的分离状态，使得室内空间更为合理。

通过土建与装修的一体化设计和施工，可以预先在建筑构件上进行孔洞预留和预埋装修面层的固定件，避免在装修施工时对已有的建筑构件进行打凿和穿孔，确保建筑的结构安全，减少施工产生的噪声和建筑废弃物。建筑师可以在设计阶段根据最终的装修面层材料尺寸来调整建筑的尺度，确保装修材料能够最大限度地使用整块材料，减少材料的浪费，该方法不仅节约了材料和施工时间，还减少了能源消耗，降低了装修施工的劳动强度。

2. 工业化集成式装修技术

工业化集成式装修技术侧重于装修部件的工厂化大规模生产、套装供应和现场快速组装，这种方法旨在最大限度地减少现场手动操作，实现时间、劳动力和材料的节省，并确保装修质量。

这种技术标志着居住建筑的建设从传统施工方式向工业化生产和装

配化施工的转型。在土建施工阶段，如门窗、窗套、窗台、壁橱门、窗柜以及整套的厨房和卫生间部件都是在工厂的生产线上制造完成的。在卫浴套件中，除了常见的坐便器和浴缸等，还包括底座、墙板、吊顶、灯具等完整配件。

使用工业化集成式装修技术，需要确保各种材料（如地板、墙面、天花板和管道）的完整集成，以及各种部件（如厨房、卫生间、隔墙和木制品）的完整集成。

第二节　绿色办公建筑设计

一、绿色办公建筑的使用特点

为了推进办公建筑的绿色生态技术，要深入了解办公建筑的独特性质和使用功能要求，这样才能制定出针对性的设计策略。除了住宅外，办公建筑是另一个主要的建筑类别，人们需要一个地方居住和满足基本的生活需求，也需要一个工作场所来谋生和实现自己的社会目标，需要参与各种文化和娱乐活动以满足精神需求。由此可见，生活和工作是人生的两大核心，因此办公建筑的重要性不言而喻。

在众多的民用建筑中，办公建筑以其庄重而新颖的外观、简约而自然的建筑风格、实用而经济的布局以及简洁而严格的室内空间而脱颖而出。虽然办公建筑具有一些共同的空间和布局特点，但根据其使用目的、功能需求、投资来源、建设规模和高度，它们可以分为政府、科研、教育、企业、金融、租赁、公寓和多功能办公建筑等多种类型。总的来说，办公建筑具有以下显著特点：

（一）空间的规律性

无论是小型办公空间还是大型办公空间，其空间结构是由基本单元构成的，这些基本单元按照一定的规律重复排列，彼此相互渗透和融合，形成有机的联系，从而确保工作交流的顺畅。简而言之，这种空间结构既适合个人工作，也便于团队合作。

（二）立面的统一性

办公建筑的空间结构经常呈现出单元的重复和韵律感，这主要是由于空间的重复排列所致。由于办公空间对高品质的自然光和通风的需求，建筑立面往往配备有大量规律性的窗户，此设计可以确保建筑与自然的紧密联系，避免与外界的隔离。

（三）耗能大且集中

现代办公建筑的特点是其使用者相对集中、稳定且使用时间有规律，这些特性导致在工作时间内的能耗较为集中。所有的能耗在这段时间内发生，对外部环境的影响也主要在此时体现。

绿色办公建筑设计并没有固定的模板或公式可以直接应用，生态理念不能简单地被视为建筑设计的一个附加组件，绿色也不应仅被视为一个标签。优秀的绿色生态办公建筑设计需要设计师根据现代的绿色生态理念，并结合办公建筑的使用特性，将生态和环保理念融入设计中。

二、绿色生态办公建筑的设计

（一）绿色生态办公建筑的设计理念

传统的高层办公建筑在设计时往往没有融入先进的绿色、生态和可持续的理念，这导致了这些建筑物往往存在高能耗和高污染的问题。为此，现代大型办公高层建筑的设计应遵循以下原则。

1. 充分利用自然资源

在办公建筑的设计过程中，应充分考虑如何最大化地利用自然光和通风，以创造一个健康和舒适的工作环境，阳光和新鲜空气始终是维持人类生活的基本要素。但是随着照明和空调技术的广泛应用，自然资源的利用逐渐被忽视，这对建筑的室内环境产生了不良影响，还可能导致人们出现各种健康问题，如"病态建筑综合征"和"建筑相关疾病"，这些症状包括疲劳、头痛、不适感、皮肤和黏膜干燥等。现代办公建筑设计应重视自然光和通风与现代技术的结合，在通风方面，可以运用现代空气动力学原理，通过风压、热压或两者的结合来实现自然通风，在采光方面，除了确保良好的光照环境外，还应采取措施避免直射光的眩晕和过多的热辐射。

2. 环境健康舒适

随着科技的飞速进步和社会的不断发展，人们对于居住和办公环境的期望也日益提高。更为健康、舒适的建筑环境能够改善人们的日常生活和工作体验，进一步提升生活的整体品质，因此，构建一个健康、舒适且智能化的建筑环境已经成为现代建筑设计的核心目标。利用现代建筑学、生态学以及其他相关科技领域的研究成果，为建筑设计提供了全新的思维方式。

健康舒适的建筑环境意味着：室内空气质量上乘，温湿度适中，光线充足且不刺眼，声音环境宁静。为了实现这一目标，建筑设计应考虑采用对人体无害的建筑材料，尽量减少挥发性有机化合物（VOCs）的使用，有效地控制可能对人体造成伤害的有害辐射、电磁波和有害气体。建筑还应确保空调系统能够提供充足的新风，自动调节室内的温湿度，保证室内光线充足且均匀，避免不必要的视线交叉，以及采用吸声材料来减少噪声。

3. 建筑自我调节设计理念

建筑自我调节设计理念也日益受到重视。从一个建筑的"生命周期"角度看，它会经历决策、设计、建造、使用和拆除等阶段，这一过程与生命体的生长、成熟和衰亡过程相似。因此，建筑应当具备某种自我调节和组织的能力，以确保其功能始终处于最佳状态，这种自我调节包括建筑自身对采光、通风、温度和湿度的调控能力，同时还应该具备自我净化的功能，以最大限度地减少对环境的污染，如污水、废气和噪声等。

（二）绿色办公建筑的设计要点

绿色办公建筑设计的核心理念可以总结为以下几点：①降低对能源、资源和材料的依赖，将被动设计策略纳入建筑设计中，并最大化地利用可再生能源（如太阳能、风能、地热能），从而减少对传统能源的使用和碳排放。②优化围护结构的热性能，确保室内环境的舒适度，降低能量损耗。③巧妙地利用自然元素（例如地形、方位、风和雨水等），以创造一个健康、生态友好的室内外环境。④采纳各种创新技术，提高办公建筑的能源效率。⑤尽量减少对不可再生或不可回收资源和材料的使用。

这五个关键点为绿色生态办公建筑提供了明确的方向。而在设计中，这些要点可以激发创新思维，有时甚至可以将某些看似不利的条件转化为设计的优势。在实际的绿色生态办公建筑设计过程中，应细致考虑这些方面，确保建筑真正实现绿色、生态和可持续的目标。

1. 采光与遮阳塑造光环境

"朝九晚五"常常描述办公族的工作模式，这表明办公建筑主要在日间运作，这些场所应最大化地利用日光。自然光照设计在绿色办公建筑中占据了核心地位，因为利用日光一方面能增强视觉的舒适性，另一方面对于员工的身心健康和工作效率也大有裨益，同时有助于减少照明的能源消耗。但是，过多的日光，尤其在我国南部的炎热地区，可能导致室内温度过高，这对工作环境并不友好，还可能导致额外的能源消耗。而光线不足可能会导致室内照度不达标。如何平衡这些因素，确保采光的优势而避免其潜在的弊端，是建筑设计中需要深入考虑的问题。

减少对人工照明的依赖无疑会降低能源消耗，设计师应优先考虑自然光，并通过先进的技术手段，使人工照明与自然光之间形成互动。当必须使用人工照明时，除了确保光线充足外，还要避免过度照明导致的能源浪费。为了满足办公任务对照度的不同需求，结合基础照明和特定区域的照明是一种既高效又节能的方法。此外，采用高效的照明设备和节能灯泡也能显著减少办公建筑的电费。

为了减少空调的能耗和避免办公室内的强光，建筑的南面和东西面通常需要设置遮阳设备，但是，如果遮阳设计不当，可能会导致冬季的加热和照明能耗增加。因此，制定外窗遮阳策略时，应通过动态调整，考虑照明和空调的能耗，以确定最佳的遮阳方案。在最大化利用自然光的过程中，办公空间的光照设计还应确保避免产生眩光。

2. 再生建筑材料利用

建筑材料为建筑行业提供了必要的物质支持，并在整体经济中占据了核心地位。由于建筑材料的广泛应用和大量生产，它们与人们的日常生活和工作环境紧密相连，从原材料的采集和选择，到产品的制造、使用、废弃和再利用，建筑材料与资源、能源和环境之间的关系都表现得尤为明显。不当的建筑材料选择和使用可能对人类的环境和健康带来潜在的风险，但如果在发掘和应用建筑材料时能够遵循可持续性原则，并充分利用再生材料，那么建筑材料将会迎来新的发展阶段，为人们创造出健康、舒适且具有审美价值的生活和工作环境，也为社会节省大量资源和能源。

办公建筑的设计应追求简约，最大化地利用再生建筑材料，所选用的材料应具有长久的耐用性、低维护成本，并尽量减少内部装饰。例如，暴露的管道系统、管件和电缆易于维护和检修，降低装修的需求，减少内部装修还有助于降低空气污染。为了确保室内外环境的质量，建筑内部应避免使用含有溶剂或其他有害物质的化学产品和材料。为了维护室内的空气质量，应对建筑现场进行标准化监测。现场监督人员应定期检查使用的材料，收集相关的标签和产品信息，并指派专人进行审查。

3. 绿色办公建筑的整体设计

为了实现绿色办公建筑的目标,需要从三个关键层面进行考虑:第一,建筑的场地选择与规划阶段应重视节能,包括对场地的设计和整体建筑布局的考虑,这个层面对建筑节能的整体影响至关重要,因为在这一阶段做出的决策将对后续所有层面产生深远的影响。第二,建筑设计阶段也应注重节能,这可以通过选择合适的建筑朝向和形态、利用被动式自然资源等方式,以减少建筑在采暖、制冷和照明等方面的能耗,如果这一阶段的决策不当,可能会导致建筑的机械设备能耗大幅增加。第三,建筑的外围护结构和机械设备本身也应考虑节能。

公共建筑的生态设计不应被视为建筑设计的附属部分,而应与其紧密结合。一个普遍存在的误解是,许多人认为可以在建筑设计完成后,再将生态设计作为附加组件加入,但按照绿色建筑的设计理念,从设计初期开始,就应充分考虑生态因素,并以此为基础,形成一套适应当地气候特性的建筑设计方案。

4. 绿色办公建筑低碳三要素

绿色办公建筑的核心理念可以概括为三大要素:一是保护环境并减少污染;二是节约并高效利用资源和能源;三是创造一个健康、安全、实用且经济的活动空间。这三大要素旨在从产业链到生态链,创造一个与自然和谐共生的环境。对于绿色办公建筑的低碳设计,其三大核心要素为减少建筑的能源需求、采用可替代和可再生能源,以及降低灰色能源的使用。

(1)减少建筑的能源需求。在公共建筑的完整生命周期中,包括建造、使用和拆除各个环节,都会涉及能源的消耗。评估建筑的经济效益时,通常会考虑建筑的建设成本、生命周期内的运营和维护费用、拆除及材料处理的费用,以及由于建筑设计功能所带来的附加价值。为了在整个生命周期中降低成本,从设计初期就应融入能源考虑。

最直接且高效的方式降低建筑的能源需求是采用"被动式设计"策

略，包括根据日照、风向和场地环境调整建筑的方位；充分利用自然光，以减少依赖人工照明；增强建筑的隔热和保温性，减少冬季的热量流失和夏季的过度热量；选用蓄热性好的墙体和楼板，确保建筑内部温度的稳定；在夏天，通过遮阳措施来控制阳光辐射，从而降低室内温度；合理地运用自然通风，以提供新鲜空气并降低室内温度；并使用具有热回收功能的机械通风系统。

（2）采用可替代和可再生能源。太阳能是一种可用于产生热能和电能的资源，随着太阳能光伏技术的快速进步，其成本已经显著降低，为其广泛应用创造了条件。太阳能集热器现在主要用于为用户供应热水。地热能也是一种有潜力的能源，因为地下深处的温度相对稳定，土壤的蓄热性能也较好。通过与土壤进行热交换，可以在冬季提供暖气，在夏季提供制冷，这种方式在冬季供暖时为夏季储存冷能，而在夏季制冷时为冬季储存热能。而利用生物质燃料可以作为传统矿物燃料的替代品，有助于减少二氧化碳排放。

（3）降低灰色能源的使用。在建筑材料的生产和运输阶段，会涉及大量的能源消耗，建筑的施工过程也是能源消耗的重要环节。这种在生产和施工过程中的能源消耗被称为"灰色能源"。与建筑运营阶段的供暖和制冷能源消耗相比，灰色能源是一种隐性的消耗，随着建筑运营阶段的能源消耗降低，灰色能源在整体能源消耗中所占的比例会相应增加。

灰色能源在整体能源消耗中的份额不容忽视，为了真正达到可持续发展的目标，必须重视并减少灰色能源的消耗。选择使用本地的建筑材料可以有效地减少由于长途运输而产生的能源消耗；在施工过程中，减少建筑材料的浪费也是降低灰色能源消耗的有效手段。这种手段可以减少能源的消耗，降低温室气体的排放，为建筑业带来更加绿色、环保的未来。

第三节　绿色医院建筑设计

一、绿色医院建筑的内涵

"绿色医院"是一个整体的概念，它既涵盖绿色建筑、绿色医疗、绿色管理，也包括整个医院规划、设计、建造过程和医疗技术手段、医患关系及医院管理等诸多软环境的建设问题，跨越了医院全生命周期。其中，绿色医院建筑作为这一理念的核心组成，为"绿色医院"的构建提供了起点和突破口，确保了绿色医院的稳定运行。

从全球范围内的绿色医院建设经验来看，绿色医院建筑是一个不断演进的理念，它结合了绿色建筑的哲学和医院建筑设计的实际操作，内容既广泛又具有深度。医院建筑与其他建筑有所不同，因为它需要满足复杂的功能需求和高技术标准，特别是绿色医院建筑的定义和特点都是多层次和多面向的，只有深入探讨并全方位地理解这一概念，医院建设才能真正融入绿色思维，从而赋予其持久的活力和可持续性。绿色医院建筑的基本内涵主要包括以下几个方面：

第一，绿色医院建筑强调对资源和能源的精明管理和应用。这种绿色理念要求医院建筑在其所处的地域和结构上实现可持续性，还要对全球生态环境产生积极的影响。在医院建筑的整个生命周期中，目标是尽可能少地占用和消耗地球的资源，最大化能源使用效率，最小化废物产生，并减少对环境有害的排放。

第二，医院建筑应尊重并与自然环境和谐共存，努力创造出优质的室内外环境。要构建一个更加贴近自然的医疗环境，充分利用自然元素，如阳光、新鲜空气和绿色植被，使医院成为一个与自然相互依存、完美融入人类生态系统的医疗场所，以满足医疗功能的需求，同时满足人们的心理和情感需求。

第三，医院建筑应具备持久的生命力，这包括其功能的适应性和空间的灵活性，以便适应现代医疗技术的快速进步和人们生活需求的变化。在这个漫长的发展过程中，医院建筑应始终保持其可持续性。现代的绿色医院建筑要确保短期内的健康和舒适，并考虑其长期的发展和适应性，为医院建筑注入持续健康和活力的理念。

二、绿色医院建筑的设计层次

在当代绿色建筑设计中，通常会从建筑的整个生命周期角度出发，深入探讨建筑对环境的长期影响。对于一个经过精心设计的绿色医院，可以从以下三个维度进行深入探讨。

（一）确保医院内部人员的健康

医院的室内环境对于患者、医护人员、来访者以及其他相关人员都具有至关重要的作用，一个健康、舒适的医院环境能够助力患者更迅速地康复，缩短住院时长，减轻患者的经济和心理压力，也能提高医院的病床周转率，增强医院的服务能力。此外，一个优质的医院环境还能够提升医护人员的工作积极性和效率。

（二）维护周边社区居民的健康

与常规住宅建筑相比，医院对其所在环境的影响更为显著，主要表现在医院的单位能耗相对较低，而且医疗活动中产生的医疗垃圾往往含有有害的化学物质，这些有害物质可能对周边社区的健康构成潜在威胁。

（三）致力于全球环境和自然资源的保护

在当今全球化的背景下，一个位于上海小巷的建筑可能使用了来自意大利的石材和来自英国的涂料，这种全球化趋势使得建筑逐渐失去了其地域性和文化特色。虽然这种全球化对经济发展有益，意味着中国的大量优质、低价材料可以进入国际市场，但这也带来了环境破坏的代价。因此，从全球环保的视角出发，环保倡导者更希望建筑业主能够优先选择当地的、环保的建筑材料。

三、绿色医院建筑的设计原则

绿色建筑是人类对自身所处的环境存在的危机做出的积极反应，绿色建筑体现了建筑、自然和人的高层次的协调。在设计医院建筑时，应当把新时期蓬勃发展的绿色思想与关注健康的医院理念相结合，遵循一定的原则，这是医院建筑与环境发展的共同要求。具体应当遵循以下几个原则，如图 5-1 所示。

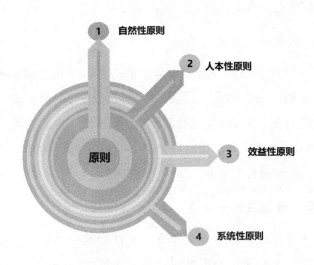

图 5-1 绿色医院建筑的设计原则

（一）自然性原则——关注生态环境

绿色医院建筑旨在创建一个规模适中、运行高效且具有持续性的空间，其设计理念强调与环境的和谐共生、生态关注和自然的协同存在。这种设计方法在以下三个核心方面得到了体现：

第一，充分发挥自然资源的潜力。应最大化地利用如阳光、雨水、地热和自然风等自然条件；广泛采用太阳能、风能、潮汐能和地热能等可再生资源；高效地使用水资源，并科学地进行绿化和种植。

第二，消除或减少自然带来的不利影响。这需要通过制订相应的防灾计划和紧急应对措施来确保建筑的安全性；通过设计有效的隔热、保温和遮阳设施来满足建筑的各种需求；并参照当地的传统方法来应对特定地区的不利因素，同时鼓励创新。

第三，与自然环境和谐共存。应考虑建筑在自然环境中的位置、人造环境与自然环境的设计品质等因素，确保建筑与其周围环境的和谐融合。

（二）人本性原则——保证健康、舒适、安全

绿色医院建筑的设计理念强调人的中心地位，关心和照顾包括患者、医护人员和访客在内的所有人。这一原则主要包括以下几个方面：

第一，基于人体工程学的舒适度设计。这要求在医院建筑中创造一个理想的、舒适的室内外环境和微气候，利用阳光和自然通风等自然手段来调节建筑的温度、湿度和气流。

第二，从行为学、心理学和社会学的角度出发，考虑如何设计能满足人们心理和生理健康需求的空间，创造一个健康、舒适的环境。

第三，增强建筑空间的自主性和灵活性。要考虑建筑所在地的文化、习俗和生活方式，确保建筑空间能够根据不同使用者的需求进行适当的调整。

（三）效益性原则——提倡高效节约

绿色医院建筑追求的高效与节约设计理念，主要集中于医院建筑在运营过程中的经济效益。这种设计哲学的核心在于最大化地利用并节约各种资源，无论是社会资源（如人员、物资、资金等），还是自然资源（如物质和能源），这种全方位的设计考虑从项目的初期投资、规模设

定、布局，到流程设计、空间配置，乃至建筑的拆解和再利用，都融入了高效与节约的设计元素。此设计方法主要在以下三个方面得到体现：

1. 采纳节能措施

第一，设计阶段的节能，在建筑设计过程中，从建筑的整体布局、结构选择、围护结构到材料的选用等各个方面，都要考虑如何降低资源和能源的使用。

第二，施工阶段的节能，主要涉及在建筑施工过程中，通过高效的施工组织来减少材料和劳动力的浪费，并考虑如何回收和再利用旧建筑材料。

第三，运行阶段的节能，在建筑的使用和运营中，应采取措施合理地管理能源消耗，如增强自然通风、限制空调使用等，确保建筑走在生态和智能化的前沿。

2. 推广新型和可再生能源

为了确保资源和能源的高效利用，设计师需要采纳一种系统化的节能思维，从设计初期到建筑使用的整个过程中，都要对能源消耗进行全面控制。所有采用的能源应朝向清洁、健康或可再生的方向进化。

3. 充分考虑当地的自然和气候特点

在绿色医院建筑的基地选择和城市规划阶段，应最大化地利用建筑周边的自然条件，如合理地保存和使用现有的地形、地貌、植被和水系。在建筑的选址、方向、布局和形态等方面，都要充分考虑到当地的气候和生态特点。与自然环境的和谐设计，尤其体现在建筑的被动式气候适应设计和因地制宜的场地设计中。除此之外，绿色和环保的技术内容也是设计中的关键考虑因素。

（四）系统性原则——整体考量建筑与环境的关系

绿色医院建筑设计应将医疗设施与其所处的环境融为一体，从宏观的系统视角出发，探索如何达到建筑的环保目标。绿色医院建筑设计可以从以下两个维度进行深入探讨：

1.城市和区域层面

在这个层次上，设计师应深入研究城市的自然背景、地理特征和生态状态，确保大型项目的建设环境报告得到妥善制定和批准。这要求在土地利用、开发和建设过程中，要遵循生态原则，要确保城市的内部布局与外部环境之间达到和谐。基于城市的整体规划，土地的使用方式、功能配置和开发强度应与自然生态系统相协调。还需加强城市的综合灾害防御和污染减排措施，以完善城市的生态体系。

2.单独建筑层面

这一维度主要关注如何在具体的建筑设计中处理建筑的局部与整体、建筑与自然元素之间的关系。应充分利用和增强自然元素，确保绿色建筑的理念在实际的建筑设计中得到体现。结合实际情况，从建筑的布局、能源的应用、材料的选择等方面，选择合适的技术路径，以创造一个宜居的生活环境。

四、绿色医院建筑的设计策略

面对日益严重的能源短缺和环境问题，绿色建筑已逐渐成为建筑行业的未来趋势。医院，作为维护人类健康的重要场所，也应该在节能、减少排放、环境保护等方面发挥领导作用。现代医院不只是提供医疗服务的地方，人们对其有更为严格的期望。采纳绿色医院建筑的设计理念和策略，无疑是医院建筑的新方向和未来趋势。

绿色理念应融入医院建筑的整体规划、设计、布局、流程、安全措施，以及在建筑中使用的绿色材料、设备和节能环保技术中。为了达到绿色标准，医院建筑与其他类型的建筑有所不同。医院建筑需要强调医疗功能，同时在采用绿色建筑技术时，必须确保其安全性和可靠性。针对医生和病人这一特殊人群，医院建筑的功能应当具有独特性，对环境的保护要求更为严格，特别是在废弃物处理和水资源管理方面。由于医院建筑的能耗较大且产生的废弃物较多，这对环境带来了额外的压力。

尊崇自然和生态平衡是绿色医院建筑的核心理念。为了实现可持续发展，医院建筑设计应该充分利用自然资源，并确保建筑能够以低能耗、高效率的方式运行，以便在有益于环境的同时，能为医院带来长期的经济和社会效益。

（一）可持续发展的总体策划

随着中国医疗制度的变革和医疗科技的持续进步，医院功能逐渐丰富，建设标准也在稳步提高，主要反映在医院新增功能科室、患者对医疗环境的期望上升、新型医疗设备的引入，以及医疗和工作环境的改进等方面。绿色医院建筑的设计哲学应贯穿建筑建设的每一个环节，而可持续发展的宏观策略是实施设计原则和实践设计思想的核心。

绿色医院建筑的持续发展策略主要涉及以下几个方面：

1. 规模定位与发展策略

为了确保医院建筑的高效和节约，需要基于城市的发展蓝图为医院制定合适的规模定位。不合适的规模定位可能导致医院的潜力未能得到充分利用或资源的严重浪费，通过综合考虑当前状态与未来发展、需求与可能性，结合城市建筑和卫生发展规划，可以合理地确定医院的发展目标，这样可以有效地控制建设用地，确保规划的系统性、动态性和可持续性，从而实现社会、经济和环境效益的融合。

随着城市的扩张和人口的增长，医院规模也将不断扩大，需要根据医疗环境、医院等级等因素，合理地设定医院的规模。过大的规模可能导致管理和交通问题，规模过小则可能导致资源未能得到充分利用，医疗设备也难以完备。随着人们对健康的日益关注和医疗需求的提高，医院建设的重点已从数量转向质量，在确定医院建设规模时，不能仅凭直觉或单纯追求宏大和外观，而需要综合多种因素进行考量，重视宏观规划与实际操作的结合，基于全面的分析做出明智的决策。

医院建设的策划需要制订切实可行的执行计划，其中主要涉及医院在未来医疗体系中的明确定位、资金投入决策和项目的分阶段实施，这是一个涉及多方面关联因素的综合决策活动。在此期间，医院管理团队和专业设备相关人员的紧密合作非常重要，他们的早期参与有助于确保信息的流通和交流，避免建筑完成后出现的空间与实际使用需求不符，导致不必要的重做和巨大的资源浪费。医院的整体规划应具备前瞻性，医院建筑的需求在不断变化，而新建医院的预期使用寿命可能长达50年。尽管医疗设备和家具可以多次更换，建筑的基本结构和空间布局却难以调整，建筑师应与医院相关人员共同讨论和评估，根据预期的经济回报来确定合适的投资策略。

2. 功能布局与长期发展

针对中国的实际状况，医院建设应首先明确其规模并进行统一规划，然后选择分阶段实施或一次性完成。全程的整体管理被视为一种高效且合理的发展策略，在医院建筑的分阶段升级过程中，应通过妥善的规划确保医院的正常运作，将因改建或扩建产生的不利影响降至最低，确保经济效益与建设进度的和谐统一。医院建设的初步规划是一个结合实地考察和科学决策的过程，这有助于建筑设计师建立一个整体的、动态的科学思维模式。通过实地调查和与医院相关人员的沟通，可以加深对医疗行业特点的了解，为设计工作打下坚实的基础。

（1）弹性化的空间布局。医院建筑的空间适应性一方面是对布局灵活性的体现，另一方面是从空间变化的维度进行深入探讨，这种变化可以细分为两类：内部调整型和扩展型。内部调整型适应性意味着在医院的总体规模和建筑面积保持不变的情况下，通过对内部空间的重新配置来适应不断变化的需求；扩展型适应性则是通过增加医院的规模和面积来满足新的需求。这两种策略的选择取决于对建筑现有条件的深入分析和评估，在设计过程中，绿色医院建筑应结合这两种适应性策略，以确保其具有最大的灵活性，满足持续发展的要求。

实践经验表明，内部调整型适应性可以在不改变结构和总体空间的前提下轻松实现，这种方法既高效又能节约资源。为了实现这种适应性，关键在于在建筑内部预留一些可调整的空间，以备未来使用。为了确保空间的灵活性，这些空间应具有一致性和均匀性，便于进行空间的重新配置和功能的转换。在医院建筑的空间设计中，应摒弃传统的固定空间设计思路，更多地考虑不同功能空间的交互和融合，追求空间的流动性和多功能性。

实际上，医院的空间使用往往是多功能的。例如，门诊区域是一个综合功能空间，可以通过景观、绿化、屏风、地面材料和空间高度的变化等手段进行软性隔断，并根据功能的变化进行调整。医院的等候区和相邻的门诊区也可以采用类似的策略，以增强空间的适应性。因此，通过整合相似功能的空间，如将医院的护理单元和病房空间进行标准化，有助于医护人员更快地熟悉环境，提高工作效率，还有助于增强空间的灵活性和适应性。

扩展型适应性主要依赖于增加建筑的总面积来达成，其核心在于确保新旧部分的功能空间能够和谐统一，这种适应性可以分为水平和竖直两个维度的扩展。在水平扩展方面，医院需要满足两个基本要求：其一，应预留充足的土地空间，确保建筑之间的间距适中，以避免因扩建而导致的日光遮挡等问题；其二，应确保医院的功能区域相对集中，以便与新建部分的功能空间顺利对接，并在前期进行统一的功能规划。

在竖直扩展方面，这种方式通常不会打破医院建筑的整体布局，其主要优势在于节省土地资源，尤其适合于土地有限且原有建筑已接近饱和状态的医院。但这种方式也存在缺点，因为竖直扩展需要预先考虑到结构、交通流线和设备的垂直布局，这在日常医院运营中可能不会得到充分利用，从而可能导致资源的浪费。如果医院在短期内有扩建计划，这是一个有效的适应策略。或者，可以考虑在竖直方向预留空间，暂时用于其他目的，待到真正需要时，再通过调整其功能来实现扩展。

（2）可生长设计模式。医院建筑作为一种特殊的公共设施，与其他公共建筑存在显著差异，其独特性主要体现在功能的专一性、使用的高频率以及快速的发展变化。这种迅速的功能演变往往使建筑的实际使用寿命大大缩短，如果医院建筑不能适应这种快速的变化并具备自我适应和发展的能力，它们可能很快就会被淘汰，从而导致资源的极大浪费。从医疗模式的创新和发展的角度看，建筑可能会限制其进步；从能源的角度看，频繁的新建会导致资源的巨大消耗。因此，医院建筑设计应深入考虑其可持续性和自我适应的发展能力。

建筑的生长性可以从两个维度来理解：其一，为了适应医学的不断进步和变化，医院建筑需要在结构、形态和布局上进行持续的创新和调整，这被称为"质"的变化；其二，基于各种需求，医院建筑可能需要进行物理扩展，这被称为"量"的变化。医疗建筑的这种生长性旨在适应疾病谱的转变和医疗技术的前沿进展，延长建筑的使用寿命是绿色建筑设计的核心目标之一。无论是"质"的变化还是"量"的变化，都强调了前期规划和基础设施的重要性。医院应预留充足的扩展空间，并确保建筑空间易于调整和分隔，进而彰显绿色医院建筑的长期效益和可持续性。

（二）自然生态的环境设计

自然生态环境设计是一项综合性的系统任务，它从大到小覆盖了生态环境的保护和建设的各个方面。该设计的核心目标是创造一个资源节约、环境友好、高效运行、舒适宜居且有益于健康的生活环境，该设计方法不仅应用于生态城市的规划，还涉及生态住宅区和生态园区的建设，以及各种生态建筑的设计。从城市规划的初步阶段到具体的设计实施，自然生态环境设计都应该是一个核心考虑因素，并在每个设计阶段都设定明确的目标。

对于绿色医院建筑，自然生态环境设计的重点包括以下几个方面：

1. 创建生态友好的绿色环境

生态环境包括水、土地、生物和气候等资源的数量和质量，这些都是影响人类生活和发展的关键因素，构成了与社会和经济持续发展密切相关的生态系统。人类在追求自身的生存和发展时，对自然环境的过度利用和改造可能会导致环境的破坏和污染，从而产生对人类生存不利的各种影响。

与自然和谐共存是绿色建筑的一个重要特征，拥有良好绿色空间是绿色医院建筑必备的条件，通过打造自然的生态空间，有助于防护有害因素、调整微气候、优化空气品质，还能为患者提供一个宁静、休闲的环境，助力他们的康复进程。人们天生就对自然充满了向往，因此庭院式的设计成为绿色医院建筑的显著标志，这种设计理念和方法旨在为医院创造一个宜人的环境。无论从生理还是心理层面，庭院式的空间设计都对医患者大有裨益，尤其对于病患的恢复过程。

为了提升医院建筑的景观环境品质，应加强关注医院的绿化环境设计，如室内植物、地面植被、中庭绿化、墙面植被、阳台绿化和屋顶绿化等都能为医患者创造一个视觉愉悦、充满活力的环境，有助于治疗和康复。医院的外部环境应该与建筑主体相协调，形成一个生态和人文并重的景观。在进行医院建筑的环境绿化设计时，应根据建筑的功能和形态进行合理的布局，以实现视觉和实用的双重效果。

医院的主广场是医院区内的主要室外活动区域，由于其人流众多且复杂，因此此处的景观和绿化设计应当简明扼要，能够有效地组织人流并划分空间。广场的中心可以设置装饰性的草坪、花床、花坛、喷泉、水池和雕塑等，形成一个宽敞、明亮的氛围，特别是喷泉、水池和雕塑的组合，加上彩色灯光的映衬，能够增强景观的吸引力。对于较小的医院广场，可以根据实际情况简化布局，如设置草坪、花坛和盆栽等，以实现空间的分隔和景观的点缀。广场周边的环境布置应注意与乔木、灌木、矮篱、色彩带、季节性花卉和草坪等相结合，展现出植物的高低错落和明显的季节性特点，确保医疗环境的尺度亲切、景色宜人和视觉清新。

医院的住院区域及其附近应配备宽敞的庭院和绿地，为医患者打造宜人的休养环境和视觉盛宴。这些绿化空间的设计可以采用两种主要的布局方式：有序的规划式布局和自然的布局方式。规划式布局通常在绿地的核心区域设计有规律的小广场，并在其中配置花坛、水池和喷泉作为中心景观。广场上还可以布置休息设施，如座椅、凉亭和架子，为人们提供舒适的休憩之地。而自然式布局充分利用现有的地形特点，如山坡、水域等，设计自然曲折的小径，使其与环境融为一体。园区内的道路两旁、水岸或坡地上可以适当地设置一些园林建筑，旨在展现一个和谐、宜人的生活空间，使人们在其中感受到轻松和惬意。在选择植物时，应注重植物的季节性变化，使其种类多样且适应当地气候，通过合理地搭配常绿和落叶树木、乔木和灌木，可以确保医患者在其中体验到四季的魅力和景色的多样性。

医院的户外空间应该进行明确的划分，以适应不同人群的需求，并创造一个安全、高品质的环境。为了防止普通患者与传染性患者之间的交叉感染，应为不同类型的患者提供专用的绿化空间，并在这些空间之间设置一定宽度的绿化隔离带。这些隔离带应主要由常绿树和具有较强杀菌能力的树种组成，以最大化植物的杀菌和保护功能。在适当的地方，还应为医护人员提供休息和欣赏景色的空间。

2.融入自然的室内空间

近些年，医院室内空间的绿色化已经成为设计趋势。考虑到我国医院的规模和人流量都相对较大，其室内空间应具备广阔的尺度和公共区域。在绿色医院建筑的室内景观设计中，一方面要强调空间的公共性，医疗技术的发展使得医院建筑的内部功能逐渐多元化，为了适应这种趋势，医院空间应展现出公共建筑的审美特点，中庭和医院的内部通道是体现医院空间公共性的经典设计元素。这些设计手法不仅为各种服务功能提供了合适的场所，还为使用者创造了熟悉且便利的空间环境，该设计有助于减轻患者的心理压力，缓解其焦虑情绪，并传达出医院既服务于患者，又关心每一位健康的访客理念。

内部环境的绿色设计的另一个方面体现在室内景观自然化。患者对健康的向往在这种设计中得到了充分的体现，医院建筑的公共区域应巧妙地结合艺术与技术，确保充足的自然光线和通风，并搭配适当的植物。将室外的植被融入室内，可以形成室内外的连续性，这不仅美化了空间，还有助于提高室内空气质量，并降低交叉感染的风险。对于更为私密的治疗区域，阳光的导入和视觉的引导尤为关键。绿色设计可以增强空间的感觉，使其显得更为开放和多变，从而使有限的室内空间得到延展。可以采用透明或半透明的建筑材料，将室外的风景引入室内，使得室外的绿意能够与室内空间相互融合。这种室内外的交互设计使得人们仿佛身处于自然之中，实现与自然的完美共生。

（三）复合多元的功能设置

1.医院自身的功能完善

医院的功能复合程度对其建筑的外观和内部布局产生了深远的影响。城市化进程加速之下，医院的运营效果逐步提升，众多医疗机构开始追求品牌建设和特色发展。随着医疗服务领域的拓展，医院建筑的规模也相应增大，功能复合的趋势变得尤为突出。这种医疗功能的综合性意味着门诊、住院、医技、科研、教育和办公等多种功能的融合，从而构建起大型的医疗综合体。

现代的绿色大型综合医院展现出了"规模大、功能全"的特点。除了具备综合医院的标准功能外，它们还融合了众多其他的辅助功能，这些大型医疗综合体往往采用集中布局，这种布局方式既能有效节约土地，又能简化工作流程，缩短患者的就诊和治疗时间，提高工作效率。设计这类医院的关键在于如何处理复杂的功能间关系，明确各功能区域，确保流线和空间域的清晰性，并妥善处理医院大楼与城市建筑的协调关系。

2. 新医学模式下的功能扩展

新的医学视角并不是要替代或否定传统的医学体系，而是对其进行了扩展和深化。这种新的医学模式更加重视患者的心理需求，将医院的核心任务从"治疗疾病"转变为"关心患者"，此模式特别注重整体医疗环境的打造，旨在为患者创造一个完备的辅助治疗空间和一个宁静、舒适的医疗氛围。即便不能为患者带来完全的治愈，一个优质的医疗环境也能帮助患者建立积极的心态和坚定的战胜疾病的决心，这样更有利于患者配合治疗，实现更好的康复效果。

许多国内外的绿色医院已经认识到这一点，并在骨科病房中增设了功能康复室。在这里，患者在手术后可以在专家的指导下进行康复治疗，这种方法已经被证明能够显著提高患者的康复率。一些医院在儿科病区也增设了泡泡浴治疗室，这可以作为脑瘫或其他脑损伤患者的辅助治疗方式，也可以作为健康儿童的保健和智能开发手段，有利于实现医疗和保健的完美结合。许多妇产科病房也为患者提供了宾馆式的家庭室和孕妇训练室。

3. 针对社会需求的功能复合

随着社会经济的飞速发展以及人们生活水平的持续提高，大众的健康观念也在不断地演变和升级，现代绿色医院不只服务于病患，更广泛地服务于健康的大众。为了满足这种新的需求，许多综合医院开始增设健康体检中心、健康咨询中心、健康教育指导中心以及日常保健中心等功能，这也成为现代绿色医院为全社会提供服务的一个显著特点。

第四节　绿色商业建筑设计

一、绿色商业建筑的规划和环境设计

商业建筑已逐渐崭露头角，仅次于住宅建筑，对城市的活力和景观产生深远影响。多功能性是当代商业建筑的明显发展方向，随着社会进步和科技的飞速发展，建筑师们对商业建筑的设计理念和功能在不断地进行创新。每个项目的策划定位、独特的商业特点以及当地的文化传统都会对商业建筑的设计和功能产生影响，采纳绿色建筑的设计哲学，持续优化商业建筑的外观和功能，是至关重要的。这样可以为投资者和消费者创造持久的价值，为商家提供持续盈利的优质空间，还能为顾客带来愉快的购物体验。

为了进一步明确，下面简要介绍绿色商业建筑的规划和环境设计。

（一）绿色商业建筑的规划

在绿色商业建筑的策划初期，深入市场调研是关键，目的是探索所处地区所缺乏的商业元素，并据此确定建筑的商业方向。选择合适的地块对于绿色商业建筑至关重要，其中要特别关注地块周边的环境，如物流通达性、交通设施、公共设备、通信网络等，这样可以在规划初期节省建设成本，避免不必要的重复建设和资源浪费。

在场地布局方面，绿色商业建筑应当灵活应对，充分考虑地形特点，力求在不破坏原有地貌的前提下进行建设，减少对自然环境的负面影响，并节约资源，减少污染。充分利用交通资源也是关键，例如，可以在靠近公共交通枢纽的地方设置独立的出入口，或与其相连，这样可以增加消费者与绿色商业建筑的互动机会，为他们提供更为便捷的购物体验。

我国大部分城市的中心区域，经过多年的发展，已经具备了完善的基础设施和高度的消费者认知，这些地区往往形成了繁华的商业中心，吸引了大量当地居民，还吸引了众多外地游客前来消费。一个成功的商业中心可以为新建的商业建筑带来巨大的客流，反之，一个知名的商业建筑也能为整个商业中心增加知名度和吸引力。因此，新建的绿色商业建筑在商品品质、种类和商业模式上应有所差异化，避免与周边商家发生过度竞争，这样可以提高经济效益，避免资源浪费。值得注意的是，根据国内外成功商圈的经验，几家大型商业设施应当在同一商圈内互相吸引客流，但它们之间也应保持适当的距离，以避免过度集中导致的人流拥堵，从而影响消费者的购物体验。

（二）绿色商业建筑的环境设计

商业建筑作为一个专门供人们交易和交流商品的公共场所，已经成为现代都市的核心元素，它是城市商业文化和特色的展示窗口，更是城市的风貌代表。设计一个商业建筑的核心目标是构建一个吸引人的环境，旨在引起顾客的关注，激发他们的购买欲望，并最终促使他们进行购买。为了实现这一目标，应强化商业空间的装修和布局。通过巧妙的装饰和布局，商业空间可以展现出迷人的形象，一方面助力商品的销售，另一方面能提高员工的工作效率，这能够增强商业场所的竞争力，还能够为顾客创造一个愉悦的购物体验。

理想中的生态友好商业建筑能够为顾客创造了宜人的室外环境，并且通过其绿化设计，如树木，为其提供了遮阳、挡风、调节温度和湿度的功能。在这样的建筑环境中，应优先选择当地的植物，最大限度地保留原生态的植被，在选择植物时，应考虑乔木与灌木的结合，以及不同植物种类的搭配，确保四季都有美景。

优质的水环境则可以吸引顾客，并有效地调节室内外的温度，降低建筑的能源消耗，例如，某些商业建筑在其广场中设置了喷泉或水池，以增强其景观效果。但这种设计应适度，考虑到当地的气候和人们的行为习惯。为确保水的循环利用，商业建筑的场地应具备保持水分的能力。

现代绿色商业建筑的一个显著趋势是其功能的多样性，将购物、餐饮、社交、办公、娱乐和交通等多种功能融为一体。目前，中国的许多城市中的大型商场、商业街、购物中心和商业广场都展现了这种综合性特点。这种综合功能的设计满足了现代消费者的需求和生活方式，也为商业空间带来了多样性，营造了充满活力和乐趣的购物体验。

二、绿色商业建筑设计要点

商业建筑的设计目的是让建筑项目产生良好的、持久的经济效益，如果建筑师仅依赖个人的设计理念而忽略市场需求，那么所设计的建筑可能无法达到预期的经济效益，导致大量资源的浪费。为了确保商业建筑的经济效益，设计师需要采用一种能够适应市场变化的投资回报策略，并确保所设计的建筑能够得到消费者的长期青睐。在这一过程中，主要包括以下几个方面，如图 5-2 所示。

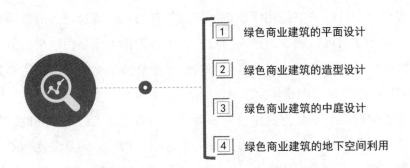

1 绿色商业建筑的平面设计

2 绿色商业建筑的造型设计

3 绿色商业建筑的中庭设计

4 绿色商业建筑的地下空间利用

图 5-2　绿色商业建筑设计要点

（一）绿色商业建筑的平面设计

与其他类型的建筑相似，绿色商业建筑的朝向选择对其节能效果有着直接的影响。通常，南向的建筑能够获得充足的日照，设计绿色商业建筑时，选择南北朝向可以确保良好的采光并吸收更多的太阳热量。这意味着，在冬季，建筑可以利用太阳辐射来抵消部分热量损失；而在夏季，由于南向的建筑表面积较大，可能会导致过多的热量吸收，增加空调系统的负荷。为了解决这一问题，设计师可以在建筑的南面采用遮阳措施。

在进行绿色商业建筑的平面设计时，设计师需要综合考虑多个因素，如低能耗、热环境、自然通风和人体舒适度，并根据这些因素进行功能分区。例如，可以将大型功能空间设置在建筑的两端，并为其配置独立的出入口。可以将核心功能区间隔设置，使用较小的空间进行连接，以减轻大空间的人流压力。

绿色商业建筑的设计还需要对人流和物流进行明确的划分，并进一步细分人流类型，确保各种流线不交叉，避免流线的遗漏和重复，从而提高运营效率。考虑到某些辅助空间（如停车场、卫生间、设备间等）对热舒适度的要求相对较低，可以将这些空间设置在建筑的西侧或西北侧，作为室外与室内主要功能空间之间的热缓冲区。这样，可以将具有良好采光条件的南侧和东侧空间保留给建筑的主要功能区域，确保其舒适性和功能性。

（二）绿色商业建筑的造型设计

商业建筑的造型设计，应当具备吸引力和美观性，这能为大众带来愉悦的视觉体验，能激发消费者的购物兴趣，这是对人性化设计的尊重。在绿色商业建筑的造型设计中，以下几个基本原则应被认真考虑：

1.商业导向原则

在商品市场中，包装设计的重要性不言而喻。一个出色的包装能够立即吸引消费者的目光，引发他们的兴趣，并激发购买意愿。包装还能为技术性的产品增添文化和艺术的元素，满足人们对美的追求。另外，建筑也是一种"商品"，其外观设计能够吸引顾客，促使他们产生消费的冲动。在这个商业化的时代，流行的建筑材料和设计风格被建筑师融入其作品中，成为塑造建筑形象和获得公众赞誉的关键。因此，设计绿色商业建筑时，应始终遵循商业导向的原则。

2. 统一性原则

商业建筑的外观并不是独立存在的，它是城市的一部分，与其周围的环境紧密相连，商业建筑的设计应与其所处的城市环境、交通网络以及其他外部因素相协调。它应该反映出所在地的文化、历史和自然特点，与周围的建筑和环境形成一个和谐的整体，同时还要确保其设计与商业建筑的功能和结构相匹配。为了确保绿色商业建筑的外观与城市环境形成和谐的统一，建筑师需要确保其设计能够与城市空间进行有效的交流，并与周边的建筑环境相得益彰。

3. 人性化原则

绿色商业建筑融入了深厚的人文精神，其核心是坚持人性化的设计理念，始终围绕人的需求进行。这些需求可能是物质的、精神的、表面的或深层的，但目标都是为消费者提供贴心的服务。以下通过商业建筑中常见的形象墙、橱窗和广告牌来深入探讨绿色商业建筑的人性化设计原则。

形象墙在吸引消费者方面起到了关键作用，为商店提供了有效的广告宣传手段。设计绿色商业建筑时，既要关注标志的样式、规格、材料、颜色和安装位置，又要确保其与整体建筑风格的和谐统一，避免造成视觉上的不平衡。

橱窗和广告牌作为远距离可识别的标志，是商业建筑的显著特点，具有出色的展示和宣传功能，对于指引和吸引人们具有显著效果。设计绿色商业建筑时，应对其进行科学分类，有针对性地进行选择，明确展示的核心内容。经过精心策划和布置，结合恰当的照明设计、色彩搭配和橱窗材料选择，可以创造出具有装饰性和整体美感的视觉效果，为消费者带来愉悦的视觉体验，激发他们的购物欲望，推动商品销售。

（三）绿色商业建筑的中庭设计

商业建筑的中庭设计通常包括天窗或采用透明材料作为屋顶，这样可以有效地引入外部的自然光线，降低依赖人工照明的需求。在夏季，中庭可以采用烟囱效应，集中并排放室内的有害气体和多余热量；而在冬季，温室效应可以帮助保持室内温暖。通过精心选择和布置中庭中的植物，可以调整湿度，还有些植物能够吸收有害物质并具有净化空气的功能。利用落叶植物在不同季节的特性，则可以进一步调节室内的太阳辐射。

（四）绿色商业建筑的地下空间利用

在城市的核心区域，商业建筑所在的土地极为宝贵，为了最大化土地的使用效益，设计师们通常会考虑进行立体开发。随着机动车数量的急剧增加，停车问题已经成为消费者购物体验中的一个关键因素。全球各地的经验都表明，建设地下停车场是解决这一问题的有效方法，许多城市的商业建筑选择在地下浅层开发餐饮和娱乐设施，而将停车场设置在更深的地下空间，此做法能够带来经济效益，还有助于节约宝贵的土地资源。

当条件允许时，地下空间可以与地铁或其他地下交通工具相连接，这样，消费者可以利用公共交通的便利，减少驾车购物对城市交通的压力，实现环境友好的低碳出行目标。

第五节　绿色文化教育建筑设计

一、文化教育建筑概述

对于"文化"这一概念，不同的人有不同的解读。在广泛的意义上，文化涵盖了文字、语言、建筑、饮食、工具、技巧、知识、传统和艺术等多个方面。

（一）文化教育建筑的发展

在汉字中，"文化"实际上是"人文教化"的缩写。这里的"人"意味着只有存在人类的地方才会有文化，这也意味着文化是专门用来描述人类社会的术语。其中，"文"代表基础和工具，涉及语言或文字；而"教化"是这个词的核心，作为名词，它代表了人群在精神和物质活动中的共同标准。而作为动词，它描述了这些共同标准如何产生、传递、传播，以及如何被接受的过程和方式。

文化和教育建筑的历史与人类的文明历史几乎同步发展，例如，在古埃及和苏美尔文明中，其神庙和宫殿内保存了许多用泥板或莎草纸记录的文字，这可以被视为图书馆的雏形。到了古希腊时期，各种文化和教育建筑已经完全形成，包括剧院、博物馆、图书馆和讲堂等。

文化与教育类建筑在公共建筑中占有特殊的地位。在古代，由于技术和科学的局限性，这类建筑很难实现结构稳定、良好的采光、保温和通风等功能，只有社会上的精英和权贵才有能力建造这样的宏伟建筑。然而，如今，文化与教育建筑的先进性和创新性已经成为评价一个城市或地区进步程度的关键标准，如悉尼歌剧院、巴黎的卢浮宫和北京的国家大剧院等，都已经成为各自城市的代表性符号。

虽然从数量上看，文化与教育建筑相对于住宅、办公和商业建筑来说较为稀少，它们所占的土地、能源消耗和环境污染也相对较少，但这并不意味着可以忽视这类建筑的社会价值。与住宅建筑不同，它们主要服务于特定的居民群体，而文化与教育建筑为广大公众提供服务，涉及的人群范围极为广泛，因此它们具有强烈的示范作用，这些建筑既要满足其特定的功能需求，还要起到教育和启示公众的作用。通过这些建筑，可以悄无声息地向公众传达绿色和低碳的生活理念，这是其他大型民用建筑所无法替代的独特价值。

（二）文化教育建筑的特点

文化与教育建筑可以细分为两大类别：文化型建筑和教育型建筑。文化型建筑主要为公众提供艺术欣赏和表演的场所，其中包括展览类建筑和表演类建筑。展览类建筑如美术馆、博物馆和各种主题展馆，而表演类建筑涵盖了歌剧院、舞剧院、戏剧院和电影院等。教育型建筑则是为教育活动而建，例如图书馆、教室和讲堂等。

对于文化与教育建筑，常见的绿色设计策略，如优化建筑的形态、加强自然采光、提高通风效率、设置外部遮阳设施、使用高效的保温材料和空调系统等，都是适用的。对于教育机构中的非教学功能建筑，它们可以按照其具体功能被归类到相应的建筑类型，例如，学校的学生宿舍可以视为居住建筑，而行政楼可以视为办公建筑。这些建筑的绿色设计策略可以参考相应类型的建筑设计指南。

然而，特定的文化和教育建筑由于其独特的功能和空间需求，也有其独特的设计挑战，这类建筑往往具有宽敞的空间和大量的人流，特别是在某些高峰时段，如教学楼的课间、影剧院的结束时刻或特定的展览活动，这时的人流量会急剧增加，这种大量的人流要求建筑必须有良好的疏散设计，这也意味着这类建筑很难向上发展，而更多的是通过扩大其基地面积来满足疏散需求。此外，大量的人流还意味着需要更多的交通空间，这也会导致更高的能源消耗，设计师应该在最大化地利用土地资源的同时，努力采用自然方法来减少人工照明和空调的需求，实现绿色、节能的设计目标。

文化与教育类建筑在其功能上对光线有着独特的需求，例如，为了确保观众能够清晰地欣赏展品，博物馆和美术馆的展区需要避免阳光直射。教室则需要有适当的光照，避免对黑板产生眩光。剧院因为演出内容的多变，需要能够迅速调整光线以适应不同的场景。而图书馆的阅览室需要明亮的照明，但存放图书的地方要避免阳光直射以保护图书，过度依赖人工照明会导致能源消耗增加。除了这些共性，不同种类的文化教育建筑还有其特定的设计需求。

1. 博览建筑的特点

这类建筑，如博物馆和美术馆，对光线有特殊要求，还需要确保室内的温度和湿度适中，以更好地保存展品。根据所展示的物品的性质，可能还需要特定的空间设计，例如，展示古生物的博物馆可能需要高度较大的展厅，航空博物馆则需要宽敞的空间，而遗址博物馆需要能够保护遗迹的特定环境。这些建筑通常还配备有室外展区，这对场地的设计提出了额外的挑战。

2. 观演建筑的特点

观演建筑包括歌剧院、舞剧院、戏剧院、电影院、音乐厅和各种会议厅等，这些建筑的特点是其内部空间宽敞，能容纳大量观众。由于其特定的功能需求，这些建筑的室内环境往往更依赖于人工照明和机械通风系统，当大量的观众聚集在一个大空间内，加上特定的演出需求，对室内的温度和声音环境都有更高的标准。

3. 图书馆建筑的特点

在图书馆的建筑设计中，阅读与存储图书的光线需求存在显著差异，阅读区域需要明亮的光线，而为了保护图书，存储区域则需要避免直接的阳光照射。这种双重需求使得图书馆在采光和遮阳方面的设计变得尤为复杂。此外，书库的环境调控也是关键，尤其是温度和湿度的稳定，为了确保纸质书长期保存，书库必须具备防潮、防火、防虫和防霉的条件。

4. 教育建筑的特点

教育性建筑是为教学活动而设的，涵盖了从小学到大学的教学楼、实验楼，以及托儿所和幼儿园等。鉴于学生需要清晰地看到黑板和屏幕，教室的光照需求甚至可能超过图书馆，并且学生在课间的活动和紧急疏散时需要大量的流通空间。虽然这些空间的使用时间可能相对较短,但由于频繁使用,如果完全依赖人工调节其环境,效率将不高。这些空间的设计方式将直接关系到整个建筑的舒适性和能源消耗。

二、绿色建筑设计的四个层次

每一种建筑风格的诞生和进化都是社会经济演变的具体体现,它们承载了其所处时代的特色并展现了那个时代的特点。某一特定时期的社会经济、政治和思想等多方面的因素共同塑造了建筑设计的理念。通常,建筑项目的设计,从初步规划到详细的施工图,可以划分为四个阶段:总体布局、空间组织、具体设计材料设备。而对于绿色建筑,设计师还需额外考虑如节能、土地利用、水资源管理、材料节约和环境保护等方面。简而言之,不同的设计阶段需要关注的核心问题各有差异。表5-1中显示了各个层次建筑设计面临的主要生态性要求。

表5-1 各个层次建筑设计面临的主要生态性要求

项目	节能	节地	节水	节材	环保
总体布局	√	√			√
空间组织	√	√			
具体设计	√		√	√	
材料设备	√		√	√	√

(一)总体布局

文化和教育类建筑与传统的住宅建筑有所不同,其对于建筑的方位、日光需求以及体型系数的控制都有更为灵活的考量。通常,这类建筑在总体布局上主要考虑两大核心问题:一是如何高效地利用土地;二是建筑形态的创新设计。

对于土地的高效利用，建筑的占地面积越小，相应的绿化面积就越大，这对环境的破坏也就越小。鉴于文化教育建筑难以高层建设，为了提高土地的使用效益，可以考虑更多地利用地下空间，这种方法可以节省土地，还有助于减少能源消耗。但是，这样的设计也存在挑战，例如地下空间的采光和通风条件通常较差，可能导致室内环境显得较为阴冷和潮湿，解决这些问题可能需要额外的投资，增加建筑的运营成本，这也是文化教育建筑向地下扩展的一个主要制约因素。

至于建筑的形态设计，它直接影响到建筑的能源消耗和通风效果，例如，集中式的建筑布局可以通过减少散热面积来降低冬季的取暖能耗，这在北方的寒冷地区尤为适用。而在南方的湿热地区，分散式的建筑布局更为合适，因为它可以增强自然通风和散热效果。对于处于夏热冬冷地区的建筑，设计时既要避免过度分散以减少冬季的能耗，又要确保建筑的外墙有足够的开放面积以便夏季的通风散热，特别是在利用夏季的盛行风来实现通风时，对于低矮和中高层建筑，风压通风的效果通常优于热压通风。面向夏季盛行风向的平板型建筑在自然通风方面的效果往往优于采用中心庭院的集中式布局。

（二）空间组织

文化与教育类建筑在功能上比起住宅和办公空间要复杂得多，这种复杂性要求有多种空间形态来满足其功能需求。考虑到绿色建筑的设计标准，如何组织这些空间显得尤为关键，建筑的空间组织主要涉及功能布局和交通流线的安排。

功能布局关注的是如何在空间中分配各种功能，从节能和生态的视角看，空间的不同布局会带来不同的效果。功能、空间、人流和能耗之间存在密切的关系。从结构合理性的角度出发，将小空间放在建筑的底部，大空间放在上部是理想的。但从节能的角度看，将大空间放在接近地面的区域更为合适。如何平衡这两者是功能布局中的关键挑战。

交通流线是连接建筑内各功能的纽带，合理的流线设计可以提高建筑的使用效率，还可以降低能耗。在确保满足功能需求的前提下，应尽量减少仅用于通行的空间面积，例如，可以考虑将主要房间的入口设置在短的一侧，适当增加建筑的深度以减少宽度，或者与公共空间相结合来布局交通空间。现代的文化和教育建筑通常位于城市的核心地带，因此除了需要确保建筑内部有完整的交通流线外，还需要考虑如何将建筑与城市的交通网络整合。例如，可以考虑将地铁出入口直接连接到建筑的地下，或将人行天桥与建筑的二楼相连，甚至可以考虑将建筑的屋顶与城市广场融为一体，为用户提供便利，进一步提高建筑的使用效率和节能性能。

（三）具体设计

绿色建筑代表了可持续发展思想的具体实践和新方向。"绿色建筑"的定义是在规划和设计阶段充分考虑环境因素，确保施工过程对环境的干扰最小，运营时为居住者提供健康、舒适、节能、无污染的空间，并确保在拆除后资源能够被回收和再利用，将对环境的伤害降至最低。当建筑的空间布局被确定后，建筑设计进一步细化这些概念。实际上，建筑设计对绿色建筑的各个方面都产生直接的影响，尤其是在节能、节水和节材方面。

文化和教育类建筑，作为特殊的公共建筑，其设计与传统的住宅和办公楼有所不同，这些建筑往往追求独特的设计风格，但这些独特性需要在遵循生态和环保原则的基础上实现。表5-2详细列举了常用绿色文化教育建筑设计策略的生态功效。

表5-2 常用绿色文化教育建筑设计策略的生态功效

项　目	节能	节地	节水	节材	环保
减少建筑外表皮不必要的凹凸	√			√	
按具体功能灵活划分的通用空间		√		√	
充分利用浅层地热资源的设计	√				√
有利于雨水回用的设计		√	√		√
有利于可再生能源利用的设计	√				√

（四）材料设备

建筑材料是构成建筑工程结构物的各种材料的总称，建筑材料是建筑事业不可缺少的物质基础。建筑工程涵盖人类生活的各个方面，包括居住、生产、医疗等，每一个建筑或结构都是由这些材料组成的。建筑材料的种类、质地、特性、经济效益以及外观等因素，都深刻地影响着建筑的结构、功能、稳定性、持久性、经济效益和美观性，并且这些材料的特性还会对其运输、储存和使用方法以及施工技术产生影响。

为了将建筑设计变为现实，需要依赖特定的材料和设备。随着现代科技的进步，出现了众多的新型建筑材料和工具。在为文化教育建筑选择材料和设备时，以下几个原则值得关注：

第一，优先考虑使用本地的建筑材料和产品。在建筑工程的总成本中，材料费用通常占据了很大的比例，建筑材料的经济效益会直接影响到整个工程的成本。选择本地的建筑材料和产品可以节约运输费用和减少运输过程中的损耗，还能更好地适应当地的气候条件，以较低的成本达到理想的性能，也有助于减少资源浪费和环境污染。

第二，优先选择能够循环再用的材料和设备。循环再用是一种资源再利用的策略，它涉及将已使用的材料转化为新的制品，避免了对有价值材料的浪费，减少了对全新原材料的需求，节约了能源，通过减少传统废物处理方式来减轻空气和水的污染，同时还能产生较低的温室气体排放。大型建筑对于材料和设备的需求尤为巨大。由于这些建筑的特殊性，它们往往需要大量的定制材料和专门的设备，如果这些特制的材料和设备在建筑被拆除后难以再次使用，那么这将导致资源的巨大浪费，并对环境产生不良影响。从绿色建筑的设计理念来看，选择可以循环再用的材料和设备至关重要，例如，虽然混凝土结构的成本较低，但它不能被再次利用；而钢结构虽然成本较高，但在建筑被拆除后，它可以被回收并再次用作炼钢的原料，这使其更适合于绿色建筑的需求。

第三，优先选用全生命周期运行成本低的材料和设备。建筑作为一个持久的产物，其使用寿命通常是 50 ～ 100 年，除非因特殊原因而提前结束。建筑在使用期间的能源消耗远超过材料和设备的生产能耗，故应选择性能卓越、质地稳固且运行费用较低的材料和设备。高品质的材料，尽管其生产成本和初期投入可能高于普通材料，但其稳定地运行和低能耗使其在长远来看更为经济和环保，例如，经过断热处理的铝合金材料，尽管其制造过程比普通铝合金更为复杂，但其在节能方面的表现卓越，因此在绿色文化教育建筑中应被优先考虑。

第四，优先选择经过实际应用验证的可靠材料和设备。随着科技的飞速进步，各种新的材料和设备不断涌现。但是这些新型材料和设备可能尚未经过严格的工程实践检验，新颖并不总是意味着更好。许多新技术、新材料和新设备的存在时间相对较短，可能还未经历长时间的实际运行考验。考虑到建筑的长寿命，盲目追求新技术可能会在短时间内暴露出潜在的问题，到时修复或替换的难度和成本都会增加。

三、绿色文化教育建筑的总体布局策略

建筑的整体布局策略涉及从一个宏观的视角，对功能性、实用性、审美性等方面进行全方位的思考，以实现建筑的整体和谐。对于文化教育建筑，其总体布局需要依据设计任务书和城市规划标准，对建筑的位

置、高度、道路连接、绿化、基础设施和环境保护进行综合评估。文化教育建筑的总体布局策略主要分为场地分析和建筑具体布局两大部分。

（一）场地分析

场地对预建建筑的影响既体现在空间的界定上，也在于其所处的物理环境中，包括地形、地理、地质、气象、水文和植被，以及声学、空气质量和电磁环境等。在文化教育建筑设计的初步阶段，应加强对场地进行详细的勘察和评估，以便确定最适合建筑的位置和容积分布。

在设计的早期，建筑所在场地的地形、地貌、植被和气候等都是决策的关键因素，为了增强人们的舒适感并节约能源，建筑应尊重并融入当地的自然特色，使其形态和布局与周边环境和谐共生，同时还要考虑到日照、风向和水流等自然因素的作用。场地分析的目的是研究和确定建筑的空间定位，确立其外观，并与周边景观建立和谐的联系。

分析场地的步骤：①明确场地的合法使用边界；②核实建筑的退缩距离和土地使用权；③分析地形和地质状况，标明适合施工和户外活动的区域；④标注可能不宜建设的陡坡和缓坡地带；⑤确定适合排水的土地范围；⑥画出现有的排水系统示意图；⑦标记应保留的现有树木和植被；⑧制作现有水文分布图；⑨绘制气候图；⑩规划通向公共道路和公交站点的潜在路径。

（二）建筑具体布局

文化教育建筑在平面布局上主要呈现两种基本形态：一是由于采光因素而限制其进深的长条形；二是进深不受采光限制的团块形。

长条形的布局适合于单个空间面积不大但数量较多的功能组合，例如教室、阅览室和展廊等，这种布局的进深通常控制在 10 ～ 20 m，而宽度则可以根据需要进行延伸。当长度达到一定的程度时，可能会进行弯折，从而形成 L 形、U 形或者工字形等多种平面形态，这样可以提高空间的交通效率。而团块形的布局更适合于空间需求较大的功能，如大型会议厅或展览厅，由于这种布局的进深较大，其自然采光和通风能力相对较弱，因此需要依赖人工照明和机械通风设备。

长条形的平面布局方式能更好地利用自然光和空气流通，对于总建筑面积不超过 500 m² 的建筑，这种布局是首选。然而，由于城市土地资源的有限性，长条形布局需要较大的场地支持，这在很多城市环境中是不现实的，加上时常会有超过 500 m² 的大空间需求，团块形的布局方式在实际应用中更为普遍。但当选择团块形布局时，为了增强自然采光和通风，可以考虑在建筑的剖面设计中，利用空间高度的变化来设置窗户，实现更好的光线和空气流通效果。

四、文化教育建筑常用的设计手法

建筑设计艺术的深度和广度是多维的，与文学、绘画和雕塑等其他艺术形式相比，它具有独特的艺术价值，这些价值体现在建筑的气质、视觉构图、和谐的形态等方面。从某种意义上说，建筑是文化的体现，而建筑设计则是建筑创新思维的体现。在整个建筑创作过程中，设计手法起到了至关重要的作用，从最初的构思到细节完善，都离不开各种设计手法的引导和支持。

（一）文化教育建筑覆土

在当前生态环境日益恶化的背景下，随着人类社会的快速进步，对生态环境产生了深远的影响，人们开始重新审视覆土建筑这一并不新鲜的概念。许多人认为，积极开发和利用地下空间是解决城市问题的最佳方式，并在实际操作中为地下空间规划提供了新的思路和指导原则。

覆土建筑并非近年来的新发明，但在某些特定的气候和地理条件下，它们成为主要的建筑形式，如中国西北地区广泛分布的窑洞。这些覆土建筑因为位于地下，具有冬暖夏凉的特点，为人们提供了舒适的居住环境。地面上仍然覆盖着绿色植被，这可以最大限度地减少建筑对环境的破坏，为人们提供了宽敞的户外活动空间。近些年，随着环保意识的增强，绿色建筑受到了越来越多的关注，覆土建筑作为一种历史上抵御恶劣气候的有效建筑方式，也逐渐受到建筑师们的青睐。在文化教育建筑中，覆土建筑得到了进一步的推广和应用。其低能耗、节地、室内气候稳定等特点，使其在现代社会中得到了广泛的认同。

密歇根大学法学院图书馆的扩建项目是覆土技术应用的经典实例，原有的图书馆，受到伦敦法学院哥特式建筑的启发，占据了整个街区，仅在东南角留有有限的建设空间。由于传统的地面建筑方式无法满足新增功能的需求，建筑师决定将扩建部分全部安置于地下，以避免与现有建筑产生视觉上的碰撞，并保留该区域宝贵的绿色景观。地面上，除了一组巨大的 V 形窗井外，没有任何建筑物露出。这些 V 形窗井的一侧是镜子，另一侧是玻璃，它们巧妙地引入了自然光和外部景色，使地下空间的用户感受到与地面建筑相似的体验。

虽然覆土建筑在节约能源和土地方面具有明显优势，但它也带来了一些挑战，如高昂的建设成本、复杂的工程设计和施工难度。特别是与地下建筑相关的防潮、防水、采光、交通和通风等问题，比传统的地面建筑要复杂得多。如果这些问题没有得到妥善处理，那么覆土建筑的潜在优势可能会被削弱，甚至可能导致更多的使用问题。根据国际上的设计实践，与完全位于地下的覆土建筑相比，位于斜坡地上的半地下建筑更为普遍。由于覆土建筑位于潮湿的地下环境中，通风成为一个关键问题。为了解决这一问题，设计师通常会采用天窗、天井和中庭等设计策略，确保建筑内部的空气流通。

（二）文化教育建筑墙体

墙体在建筑结构中起到了至关重要的作用，它既负责承重和围护，又起到分隔空间的功能。在文化教育建筑中，如展览馆和图书馆，对于展品和图书的保存，室内环境的稳定性至关重要。虽然机械通风和空调设备可以提供所需的室内环境，但过度依赖这些设备不仅会导致高能耗和维护成本，而且一旦设备出现故障，可能会对藏品造成严重损害。

为了降低对这些机械设备的依赖，可以通过增强围护结构的热惰性来提高建筑内部的温度稳定性。热惰性是一个与材料的热阻值和蓄热系数相关的指标，其中，热阻值与材料的厚度和导热系数密切相关，而蓄热系数则与材料的密度有关，例如，重质的材料如钢筋混凝土和砂浆具有较高的蓄热系数，而轻质的保温材料相对较低。因此，尽管保温材料具有高热阻值，其热惰性并不高，相反，如重质混凝土、砖或夯土等材料制成的墙体具有较高的热惰性，这可以提高室内的温度稳定性，还可以增强建筑的隔音效果，这对于如剧院等观演建筑来说尤为重要。

历史上，许多建筑的墙体都被设计得非常厚实，这些古老的建筑虽然已经历经岁月的洗礼，但其热工性能依然出色。在对这些建筑进行翻新或改造时，通常会保留其原有的厚墙结构，只对内部空间进行调整和设计，例如，德国杜伊斯堡的库珀斯穆当代艺术馆，由瑞士建筑师赫尔佐格和德穆隆设计，就是将一座旧工业建筑改造成的。在这个项目中，建筑师保留了原建筑的厚实砖墙，仅对内部进行了部分调整，以满足大空间的需求。这些厚实的墙体为文化馆提供了所需的热工条件。

然而，使用重质墙体的建筑在室内布局上可能不如框架结构那样灵活，可能不适合需要经常调整室内空间的建筑，即使是对于固定室内空间的建筑，使用厚重的墙体也对设计师提出了挑战。为了实现建筑的结构、空间和设备管线布置的高度统一，需要建筑师与技术团队紧密合作，确保各方面的需求都得到满足。

（三）文化教育建筑天窗

当代的文化教育建筑在屋顶设计上展现出了创新的思维，屋顶已经被誉为建筑的"第五立面"，这种设计趋势为城市景观带来了新的活力，还为建筑内部空间带来了独特的造型。天窗作为一种古老的建筑元素，在现代建筑中仍然发挥着重要的作用，特别是在文化教育建筑中，屋顶采光天窗一方面可以为室内空间提供自然光线，另一方面有助于通风和在火灾时排烟。

在博览建筑，如博物馆和美术馆中，对于光线的需求尤为严格，为了避免直射的强光对展品造成损害或给参观者带来不适，这些建筑往往避免使用侧面的窗户进行采光。相反，天窗成为这些建筑中的主要光源，特别是当建筑选择覆土设计时，天窗的作用变得更为关键，因为它成为连接室内与外部环境的唯一通道。

文化教育建筑中，天窗的应用已有众多成功的案例，例如，位于西班牙的斯德尔摩现代艺术与建筑博物馆，就装置了高达56个的采光天窗，这些天窗所带来的自然光线，经过漫反射后，为博物馆创造了一个近乎理想的光照环境，将眩光降至最低。而在美国芝加哥，当代艺术博物馆的扩建项目中，除了方形的标准天窗，主展厅还特别设计了四组人字形的长条天窗，这些天窗均匀地将光线散射到展厅的顶部，确保了室内的优质光环境。

实际应用中，天窗的优势明显，如高效的采光和避免眩光。但在高纬度地区，冬天的太阳角度偏低，为了进一步增强天窗的光效，可以考虑加装光线反射板，以增强其采光效果。然而，天窗也存在一些局限性，例如，它主要为建筑的顶层提供光线，清洁不便，开关操作麻烦，以及夏季可能带来的过多热辐射等问题。

为了克服这些挑战，可以采取以下策略：首先，将天窗置于公共空间，以最大化其采光范围；其次，为天窗的玻璃设计一定的倾斜角度，这样雨水可以帮助清洁表面的灰尘；再次，考虑将天窗制成电动式，便于自动开关；最后，为天窗增设外部遮阳设备，以减少夏季的热辐射。这些策略旨在最大化天窗的优势，同时解决其潜在的问题，确保其在文化教育建筑中的最佳应用。

（四）文化教育建筑天井

天井是指四面有房屋、三面有房屋另一面有围墙或两面有房屋另两面有围墙时中间的空地。在文化教育设施、公共办公场所、商务建筑以及具有四合院特色的建筑群中，天井作为一种设计元素被广泛采用。在这些结构中，天井并不是简单地占据空间，而是将共享区域、休息场所、交通通道与环境景观和视觉焦点巧妙地结合起来，成为一种有效的设计策略。

天井的存在，可以促进空气流动。当风经过天井时，上方的气压会降低，而下方的静态空气气压相对较高。这种气压差异会引发空气流动。如果天井某一侧的窗户或门被打开，空气将进入天井，并带走室内的热空气，提高室内的空气品质。这也是为什么天井在我国南方的传统住宅中被广泛采用，尤其对于覆土式建筑，天井的作用尤为关键。

除了促进自然通风，天井还能增强建筑的自然采光。与天窗的顶部采光不同，天井主要通过侧面窗户进行采光，这种方式既避免了天窗可能带来的问题，又能减少侧窗采光可能产生的眩光。

需要注意的是，天井的引入会增加建筑的形状系数，增加建筑的散热面积，因此，在北方的寒冷地区，天井的使用相对较少，而在南方的湿热气候中更为适用。由于天井是一个被四面围合的院落，排水问题需要特别关注，如果天井的底部同时也是下面建筑的屋顶，并且天井需要承受人流，那么在确保室内外处于同一水平面的同时，还需要确保良好的排水，这就需要进行特定的垂直设计来满足这些需求。

第六章　不同气候地区的绿色建筑设计

第一节　严寒地区的绿色建筑设计

一、严寒地区的定义及气候特征

严寒地区是指我国最冷月平均温度 ≤ −10℃或日平均温度 ≤ 5℃的天数 ≥ 145 天的地区。该地区的气候特征：冬季严寒且持续时间长，夏季凉爽且短暂；西部偏于干燥，东部偏于湿润；具有较大的气温年较差；冰冻期长，冻土深，积雪厚；太阳辐射量大，日照丰富；冬天经常刮大风。

二、严寒地区绿色建筑设计要点

绿色建筑的设计目标是在确保建筑的基本功能和美观性的同时，强调与当地文化和习俗的融合，并注重资源的高效利用，如节约能源、土地、水和材料，以及环境保护和污染减少。这样的建筑旨在为居住者创造一个健康、实用、高效且舒适的空间，并与自然环境和谐共存。

对位于严寒地区的绿色建筑设计，除了要满足传统建筑的基础需求和绿色建筑的标准指导原则外，还需要特别考虑该地区的气候特性和自然资源状况。在设计过程中，建筑师应根据当地的气候特点来合理地安排建筑的布局，使其体形紧凑、形状规整，并确保功能区域与热环境区域的有效结合。建筑的入口设计和围护结构也应重视保温和节能的原则。

（一）根据气候条件合理布置建筑

1. 充分利用太阳能

太阳能作为一种无尽的清洁能源，对自然气候的形成起到了关键作用，是决定建筑外部温度的主要因素。当建筑的外部或内部受到阳光的照射时，太阳辐射的能量便开始发挥其作用。在寒冷地区的冬天，太阳辐射成为宝贵的自然热源，所以选择一个能够最大化吸收阳光的建筑位置是至关重要的，目的是增加室内的日照时长和面积，最大化地利用太阳能。该做法有助于减少能源消耗，优化室内环境，有益于人们的健康。

在寒冷地区，建筑在冬季主要依赖于南向墙面上接收到的太阳辐射，由于冬季的太阳角度较低，阳光与南墙的入射角度较小，阳光可以直接透过窗户进入室内，并且其辐射量相对于地面更为丰富。我国的寒冷地区拥有丰富的太阳能资源和高强度的太阳辐射，在冬季，充分利用太阳辐射就等同于获取自然热源，可以说，最大化地利用太阳能将成为绿色建筑节能策略的核心部分之一。

（1）建筑布局。为了确保建筑与其周围环境的和谐共存，建筑的布局应当充分考虑并利用其所在地的自然条件，如地形、植被、水系等，这样的布局能够展现建筑与大自然之间的和谐关系，还能确保建筑能够有效地利用阳光、空气、水和自然风，实现对可再生能源的最大化利用，并减少严寒气候对建筑能耗的影响。特别是在严寒地区，建筑的群体布局应当重点考虑如何最大化地利用太阳能。

（2）建筑朝向。决定建筑的朝向时，首要的考虑因素应当是当地的气候条件和局部的气候特点。在寒冷地区，建筑应设计为在冬季能够最大化地接收太阳辐射，在夏季则应尽量避免阳光直射。冬季的能耗主要由围护结构的热损失和窗户缝隙的空气渗透造成，但通过围护结构和窗户的太阳辐射可以部分抵消这些损失。相同的多层住宅在东西向的能耗通常会比南北向的更高，墙面上接收的太阳辐射热量取决于其日照时间、日照面积和太阳照射角度，以及日照时间内的太阳辐射强度。由于太阳直射的辐射强度在上午较低、下午较高，墙面上的太阳辐射热量通常是偏西的朝向稍高于偏东的朝向。为了在冬季最大化地利用太阳辐射，建议在寒冷地区选择南向、南偏西或南偏东作为建筑的最佳朝向。东北部分严寒地区最佳和适宜朝向建议如表 6-1 所示。

表6-1　东北部分严寒地区最佳和适宜朝向建议

地区	最佳朝向	适宜朝向	不宜朝向
哈尔滨	南偏东 15°～20°	南至南偏东 20°、南至南偏西 15°	西北、北
长春	南偏东 30°、南偏西 10°	南偏东 45°、南偏西 45°	北、东北、西北
沈阳	南、南偏东 20°	南偏东至东、南偏西至西	东北东至西北西

此外，确定建筑物的朝向还应考虑利用当地地形、地貌等地理环境，充分考虑城市道路系统、小区规划结构、建筑组群的关系以及建筑用地条件等，以利于节约建筑用地。长期经验表明，南向是寒冷地区的理想建筑朝向，但是，由于设计中的多种限制因素，不是所有建筑都能朝南。设计师需要根据具体的设计条件，灵活地确定最合适的建筑朝向，以满足各种生产和生活需求。

（3）建筑间距。建筑之间的距离是一个复杂的决策问题，涉及日照、通风、视线保护等多个方面。理论上，建筑之间的距离越大越好，但鉴于我国土地资源的有限性和土地使用的经济效益，无法无限制地增加这一距离。在寒冷地区，由于其特定的地理和气候条件，只要满足了日照需求，其他的设计要求通常都能得到满足。在这些地区，确定建筑之间的距离时，应以确保充足的日照为主要目标，综合考虑其他因素，如自然采光、通风、消防安全、基础设施布局，以及整体空间环境的品质等。

2. 注重冬季防风，适当考虑夏季通风

在炎热的夏季，自然风可以增强热量的传导和对流，促进建筑的通风和散热，有助于夏季房间和围护结构的散热，提高室内空气的质量。但到了冬季，自然风会导致冷风渗透到建筑内部，增加围护结构的热量损失，提高建筑的取暖能源消耗。在寒冷地区，如果建筑布局不当，可能会导致某些地方的风速过高，这会严重影响居民在冬季的户外活动，对建筑的节能效果产生负面影响，增加冷风的渗透，降低室内的温暖舒适度。对于寒冷地区的建筑来说，冬季的防风措施必不可少，具体的方法包括：

第一，在选择建筑基地时，应尽量避免冷风和强风的地方。通常，山顶和山脊不是理想的建筑地点，因为这些地方的风速通常较大。更重要的是，应避免选择隘口地形，因为在这种地形下，气流会向隘口汇聚，形成强风，风速会显著增加，成为所谓的"风隧道"。

第二，在进行建筑的总体布局时，应考虑到冬季的风向。建筑的长轴应尽量与当地冬季的主导风向保持一定的角度，或者至少减少冬季主导风向与建筑物长边的交叉角，这样可以避免建筑直接面对冬季的寒风，减少大面积的外墙受到冬季主导风向的直接冲击。

（二）控制体形系数

在寒冷地区，绿色建筑的设计关注建筑的外观，更重要的是建筑与其所处环境的和谐关系，旨在最大限度地减少对环境的负面影响，实现建筑节能和减少碳排放。当考虑建筑的形态时，除了确保其功能性和审美性，还需要努力减小其体形系数。

体形系数是一个描述建筑外部表面积与其体积之间关系的指标，定义为 $S=F_0/V_0$。这个系数实际上表示每单位建筑体积所对应的外部表面积。由于建筑的热损失与其外部表面积成正比，体形系数越高，意味着每单位建筑空间的热散失面积越大，从而导致更高的能耗，相反，具有较小体形系数的建筑会有较低的热损失。在其他条件不变的情况下，建筑的能耗与体形系数成正比关系，如图 6-1 所示。体形系数被认为是决定建筑能耗的关键因素，为了实现建筑节能，应努力将体形系数维持在一个较低的范围内，降低建筑的运行成本，实现更加可持续和环保的建筑设计。

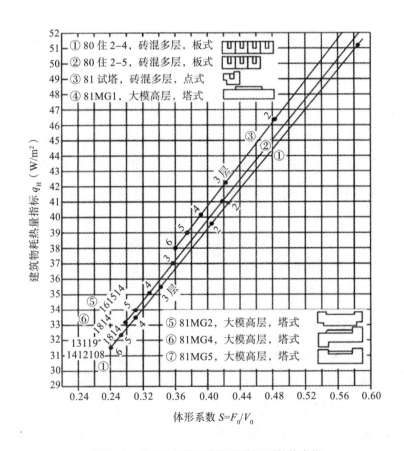

图 6-1　建筑物耗热量指标随体形系数的变化

（三）平面布局宜紧凑，平面形状宜规整

建筑的平面布局应优化自然调节能力，倾向于集中式布局以增强保温和抗寒性。事实上，平面设计直接影响建筑的能耗，因为它决定了在相同的建筑底面积下，建筑的外部表面积大小。在同样的底面积条件下，外部表面积的增加代表从室内到室外的散热面积也在增加。假设各种平面设计的底面积都相同，且建筑的高度均为 H，则建筑的平面形状与能耗之间的关系可以参考表6-2。

表6-2　建筑的平面形状与能耗之间的关系

平面形状	平面周长	体形系数	增加
	$16a$	$\dfrac{1}{a}+\dfrac{1}{H}$	0
	$20a$	$\dfrac{5}{4a}+\dfrac{1}{H}$	$\dfrac{1}{4a}$
	$18a$	$\dfrac{9}{8a}+\dfrac{1}{H}$	$\dfrac{1}{8a}$
	$20a$	$\dfrac{5}{4a}+\dfrac{1}{H}$	$\dfrac{1}{4a}$
	$18a$	$\dfrac{9}{8a}+\dfrac{1}{H}$	$\dfrac{1}{8a}$

从表 6-2 中可以明显看出，正方形平面的建筑具有最小的周长和体形系数，如果忽略太阳辐射并假设所有面的平均传热系数都相同，那么正方形无疑是最理想的平面设计。但是，当各面的平均有效传热系数有

所不同，并且建筑在日间可以获得大量的太阳能时，综合考虑建筑的热获取和散热，那么传热系数相对较低且能获得最多太阳辐射的一面应当是建筑的长边，在这种情况下，正方形可能不再是最节能的平面设计。

显然，平面设计过于复杂、进深较浅的建筑，其散热面（外墙）相对较大，这对于节能是不利的。因此，在寒冷地区，绿色建筑在确保满足功能、审美等基本需求的同时，应努力实现紧凑的平面布局，规范平面形状，并增加平面的进深。

（四）功能分区兼顾热环境分区

在设计建筑的空间布局时，确保功能性是基础，但同样重要的是进行热环境的适当划分。由于建筑内各个房间的功能和人们的活动模式各有差异，对于不同房间的室内热环境需求也会有所不同，设计时应根据使用者的热环境需求进行合理的空间划分，即将热环境标准相似的房间布置在相邻的位置。这种方法便于对不同区域进行独立控制，还可以将热环境要求相对较低的空间（如楼梯间、浴室、储物间等）布置在平面上温度偏低的位置，而将热环境要求较高的主要活动区域布置在温度较高的位置，进而实现热能的最佳利用。

在寒冷地区，冬季的北侧房间由于无法接受日照，成为建筑节能的难点。与此同时，南侧房间在白天可以吸收大量太阳辐射，这导致在相同的供暖条件下，一个建筑内会形成两个温度差异明显的区域：北侧和南侧。在空间布局策略中，主要的活动区域应优先考虑布置在南侧，那些只是短时间使用的辅助空间则可以布置在北侧。这样的布局可以在白天最大限度地利用日照，也可以减少为提高整栋建筑温度所需的能源。由于辅助空间的使用频率较低，其对温度的需求也相对较低，将其放在北侧不会影响其功能性。可以说，北侧的这些辅助空间为建筑的外部和主要活动区域之间提供了一个"缓冲带"，进一步加强了南侧主要活动区域的保温效果，确保了南侧空间在冬季能够拥有一个舒适的热环境。

（五）合理设计入口

建筑的入口是其主要的通风口，包括外部门和与之相连的外部入口空间，是频繁使用的区域。在寒冷地区的冬天，入口成为建筑的唯一通风口，每当入口门打开，就会引入大量冷空气，所以入口的设计应着重于减少热量的对流损失。设计时应确保外部冷空气不直接进入建筑内部，并尽量防止室内热量流失。

1. 入口的位置与朝向

入口在建筑中的位置应与整体平面布局相协调，作为建筑的交通枢纽，它通常位于建筑的功能核心位置。由于它连接室外和室内，作为两者之间的过渡，它既是室内外交互的"窗口"，也是"通风口"，这一独特的位置和功能凸显了其在整体建筑节能策略中的重要性。在寒冷地区，建筑入口的方向应避免与当地冬季的主风向对冲，以降低冷风入侵的可能性，同时要确保良好的热环境。在满足功能需求的前提下，应根据周边的风速分布来确定建筑入口的位置，降低冷风入侵并减少能源消耗。

2. 入口的形式

从节能的角度来讲，严寒地区建筑入口的设计主要应注意采取防止冷风渗透及保温的措施，可采取以下做法：

（1）引入门斗设计。门斗作为一个过渡空间，为入口处提供了热工保护，它因其结构和空间特性具备良好的隔热效果，而且能够阻挡冷风直接进入室内，从而减少由风压导致的热量流失。通过合理地设置门斗，风力的冲击可以被大幅削减。外部门在门斗中的位置和开启方向对气流的走向有显著影响。不同的风向与门的开启方式会产生不同的效果，例如，当风与门平行时，风会被引导；当风与门垂直或呈一定角度时，门具有阻挡风的功能，其中垂直时的阻挡效果最佳。设计门斗时应考虑当地的冬季主风向，以确定门斗中外门的位置、朝向和开启方式，最大限度地减少冷风入侵。

（2）加设挡风门廊。当建筑的入口与冬季主风向呈一定角度时，挡风门廊尤为适用。很明显，角度越小，挡风效果越好。

此外，在风力较强的地区或建筑的风向面，应采取措施防止冷风侵入。例如，在面对风的一侧，应尽量减少窗户数量，并严格控制窗户与墙面的比例，以避免冷风通过窗户或其他缝隙进入室内，造成冷风侵入。

（六）围护结构注重保温节能设计

气候因素对建筑的设计和功能有着深远的影响，特定的气温条件决定了建筑围护结构的热工性能参数，还影响着采暖和空调的需求，建筑的设计必须与当地的气候条件相匹配，以确保其在使用过程中既合理又高效。

围护结构是建筑的关键组成部分，包括墙体、门窗、屋顶和地面。在寒冷地区，这些结构要满足基本的强度、防潮、防水和防火要求，还需要具备良好的保温和隔热性能。

在寒冷地区，建筑的保温设计尤为关键，这是因为大部分的采暖和空调负荷是由围护结构的热传递引起的。冬天，采暖系统的主要任务是补偿从室内向外部流失的热量，围护结构的隔热性能直接关系建筑的能源消耗。对围护结构进行高效的保温设计可以减轻空调和采暖系统的负担，降低能源消耗，并提高室内的温度舒适度。这种设计方法正是绿色建筑理念的核心。

为了增强围护结构的隔热性能，通常需要采纳以下六种策略：

1.合理选材及确定构造型式

建筑的围护结构在选择材料时，应考虑其导热系数和容重，如聚苯乙烯泡沫、岩棉、玻璃棉、陶粒混凝土、膨胀珍珠岩及其制品以及膨胀蛭石为骨料的轻混凝土等，都是能够增强保温性能的材料。特别是轻混凝土，由于其具备适当的强度，可以制成单一的保温构件，使得施工更为简便。还可以采用复合保温构件来增加热阻，这种方法是将具有不同性能的材料组合起来，使每种材料都能发挥其独特的功能。常用的保温材料如聚苯板、聚氨酯和岩棉板等，具有低的导热系数和轻的容重，砖和混凝土等材料则因其高强度和耐久性，常被用作承重层或护面层，确保各种材料都能在其最佳位置发挥作用。

在寒冷地区，建筑的围护结构设计应确保其安全性，外部保温结构是首选，但也可以考虑使用内部保温结构或夹芯墙。值得注意的是，当采用内部保温结构时，墙体和保温层之间可能会出现结露现象，为避免这种情况，应在围护结构的适当位置设置隔气层，并确保墙体本身的热工性能能够防止结露。

2. 防潮防水

冬天，由于建筑外围构件两侧的温度存在差异，室内的高温部分的水蒸气压力超过了室外，导致水蒸气向室外的低温部分渗透，当水蒸气遇到冷气并达到露点温度时，它会转化为水滴，导致构件潮湿。此外，雨水、生活用水和土壤中的湿气也可能渗入构件，使其变湿。

当围护结构的表面受潮或浸水时，室内的装饰材料可能会受损或变质。严重情况下，可能会出现霉菌，对人体健康造成不良影响。构件内部的潮湿会导致多孔的保温材料充满水分，增加其导热系数，降低其保温效果。在低温环境中，水分可能在冰点以下结晶，进一步削弱其保温性能，并由于冻融作用而导致冻害，这对建筑的安全性和持久性都有严重的影响。

为了避免构件受潮或浸水，除了需要采取排水措施外，还应在接近水、水蒸气和湿气的位置设置防水层、隔气层和防潮层，对于组合构件，通常在容易受潮的一侧设置致密的材料层。

3. 避免热桥

在外围护构件中，由于结构的需要，通常设置导热系数较高的内置构件，如外墙中的钢筋混凝土梁、柱、过梁、环梁、阳台板、雨篷板和悬挑板等，这些部位的保温性能通常低于主体部分，因此热量容易从这些部位散失。由于散热量大，这些部位的内部表面温度也相对较低，当温度低于露点时，可能会出现凝结。这些部位被称为围护构件中的"热桥"，为了减少热桥的影响，首先应确保内置构件不与外部连通，其次应对这些部位采取特定的保温措施，如增加保温材料，以断开热桥。

4. 防止冷风渗透

当围护构件的两侧气体压力不均时，空气会从高压区域流向低压区域，这种流动被称为空气渗透，空气渗透可能是由室内外的温差（也称为热压）或风压造成的，热压导致的渗透会使室内的热空气流向室外，从而导致室内热量损失，而风压会使冷空气渗入室内，使室内温度下降。为了防止冷空气的入侵和热空气的流失，应该努力减少围护结构中的缝隙，如确保墙体砌筑时砂浆填充充分，优化门窗的制造和结构，提高其安装质量，并对缝隙采取适当的建筑措施。

提升门窗的气密性主要有以下两种策略：

（1）实施密封和封闭措施。框与墙之间的缝隙可以使用弹性软材料（如毛毡）、聚乙烯泡沫、密封胶或边框设灰口进行密封。框与窗扇之间的封闭可以使用橡胶带、橡塑带、泡沫密封带，或者采用高低缝、回风槽等方法。窗扇之间的封闭可以使用密封带、高低缝或外部压条。而窗扇与玻璃之间的密封可以使用密封胶或各种弹性压条。

（2）缩短缝隙的长度。门窗的缝隙是冷风入侵的主要途径，以严寒地区的传统住宅窗户为例，一个 1.8 m × 1.5 m 的窗户，其各种接缝的总长度可达 11 m。为了减少冷风的渗透，可以选择大的窗扇，增大单块玻璃的面积，减少门窗的缝隙。与此同时，合理地减少可开窗扇的面积，并在满足夏季通风需求的前提下，增大固定窗扇的面积。

5. 合理缩小门窗洞口面积

窗户的传热系数明显高于墙体，窗户面积越大，建筑的热损失越显著。在严寒地区，设计建筑时应在确保室内光照和通风的基础上，合理地控制窗户的面积，这是降低建筑能源消耗的关键措施。观察中国严寒地区的传统住宅，可以发现南面的窗户通常较大，而北面常常只有小窗或根本没有窗户，这种设计策略明显是为了利用太阳能量，以提高冬季白天室内的温度和光线，并减少取暖所需的燃料。

在国际上，如欧美的某些国家，为给予建筑师更多的设计自由度，他们并没有直接规定固定的窗墙面积比，相反，他们规定了建筑的窗户和墙体的总热损失量。如果设计师希望增大窗户面积，导致更大的热损失，那么他们必须通过增强墙体的保温性能来进行补偿；如果墙体的保温性能无法满足补偿要求，那么就需要减少窗户的面积，这实际上也是一种对窗户面积的间接限制。

至于门的尺寸，它直接关系入口处的热环境，门洞越大，冷风侵入的量越大，这对节能是不利的。理论上，为了节能，门洞应尽可能小，但考虑到入口的实际功能，如居民的日常出入和搬运家具等，门洞需要有一定的尺寸。设计门洞时，应在满足实际使用需求的同时，尽量减小其尺寸，以满足节能标准。

6. 合理设计建筑首层地面

围护结构中的地面对于人体健康的影响已经受到了全球建筑和医疗领域的普遍关注。在中国，广泛使用的传统水泥地面因其坚固、耐用、一体化、成本低廉和施工简便等特点而受到欢迎，但是这种地面的热工性能较差，常常给人一种"冷"的感觉，这种"冷"感主要有两个原因：一是地面的实际温度偏低；二是当人们在地面上停留时，地面对人体的脚部有较大的热量吸收，使人感到凉爽。

在严寒地区，建筑的外墙内侧 0.5 ～ 1.0 m 的区域，由于受到外部冷空气和周围低温土壤的影响，会有大量的热量流失，导致这部分地面温度显著降低，这不仅增加了取暖的能源消耗，还可能对健康产生不良影响，并影响建筑的使用寿命，建议在这个范围内铺设保温层。为了避免局部保温导致的地面裂缝，更好的做法是对整个地面进行保温，提高底层的地面温度。因为地面的边缘部分热损失较大，所以当对整个地面进行保温时，边缘部分的保温材料应满足当地节能标准的要求。为了防止非取暖期地沟造成的底层结露，建议在地沟盖板的上方进行保温。至于地下室的保温，是否需要设置保温层取决于地下室的具体用途，例如，如果地下室用作车库，与土壤接触的外墙可以不进行保温。但当地下水位高于地下室地面时，地下室的保温需要配合防水措施来进行。

第二节　寒冷地区的绿色建筑设计

一、寒冷地区的定义及气候特征

寒冷地区是指我国最冷月平均温度满足 $-10 \sim 0℃$，日平均温度 $\leq 5℃$ 的天数为 $90 \sim 145$ 天的地区。该地区的气候特征：寒冷地区冬季较长而且寒冷干燥，平原地区夏季较炎热湿润，高原地区夏季较凉爽且降水量相对集中；气温年较差较大，日照较丰富；春秋两季短促，气温变化剧烈；春季雨雪稀少，多大风风沙天气，夏秋两季多冰雹和雷暴。

二、寒冷地区绿色建筑设计要点

从气候类型和建筑基本要求方面，寒冷地区绿色建筑与严寒地区的设计要求和设计手法基本相同，一般情况下寒冷地区可以直接套用严寒地区的绿色建筑。除满足传统建筑的一般要求，尚应注意结合寒冷地区的气候特点、自然资源条件进行设计。

（一）根据气候条件合理布局方面

在寒冷地区进行绿色建筑设计时，既要考虑建筑的形态，又需综合考虑场地的日照、自然通风、噪声等因素。单纯地关注建筑形态是不足够的，必须与其他相关因素相结合，以确保有效地解决节能、土地利用和材料节约等问题。建筑的形态设计应最大化地利用场地的自然条件，并考虑建筑的朝向、建筑间的距离、窗户的位置和大小等，确保建筑能够获得良好的日光、通风、采光和视野。在进行总体规划和单体建筑设计时，最好通过模拟分析场地的日照、通风和噪声等条件，以确定最佳的建筑形态。

1. 精心设计建筑的布局和朝向

建筑的三维形态和尺寸会对其周围的风环境产生显著影响，为了达到节能目标，应设计有利于降低风速、减少热量损失的建筑形态。为了减少冬季风对建筑的侵害，应尽量减少风向与建筑长边的夹角。建筑的高度和长度也会对局部的气流和风环境产生重要影响，在设计建筑时，应基于场地风环境的分析，通过调整建筑的长、宽、高比例，确保建筑的迎风面能够合理地分散风压，避免在背风面形成涡旋区域。

利用计算机进行日照模拟分析是一个有效的方法，在考虑建筑周边场地和已有建筑的前提下，可以确定满足建筑最低日照标准的最佳形态和高度。同时，需结合建筑的节能性和经济成本进行综合分析。

在设计建筑物的布局时，必须确保建筑物的间距能够为室内提供足够的日照，建筑的方向对其节能性能产生显著影响。为了实现节能，建筑物应优先采用南北朝向的长方形设计，不同形态的建筑，即使体积相同，接收的太阳辐射量也会有所不同。建筑的朝向既与日照相关，又与当地的主导风向密切相关，因为风向直接决定了冬季的热损失和夏季的自然通风效果。

选择建筑的朝向时，需要综合考虑当地的气候、地理环境和建筑用地情况，根据不同地区的气候特点，应选择最佳或接近最佳的朝向。如果建筑位置或设计导致不理想的朝向，应采取相应的补偿措施。

在寒冷地区，选择建筑朝向的基本原则：在确保土地利用效率的同时，冬季应最大化日照，而夏季则应避免过度日照，并确保良好的自然通风。建筑的具体朝向应根据各种设计和地理条件灵活确定，以满足生产和居住的实际需求。中国部分寒冷地区建议建筑朝向如表6-3所示。

表6-3　中国部分寒冷地区建议建筑朝向

地区	最佳朝向	适宜朝向	不宜朝向
北京地区	南至南偏东 30°	南偏东 45° 范围内 南偏西 35° 范围内	北偏西 30°～60°
石家庄地区	南偏东 15°	南至南偏东 30°	西
太远地区	南偏东 15°	东南、西南	西北
呼和浩特地区	南至南偏东 南至南偏西	南偏东 30°	北、西北
济南地区	南、南偏东 10°～15°	南偏东 25°	西偏北 5°～10°
郑州地区	南偏东 15°		西北

2. 控制体形系数

寒冷地区绿色建筑设计更应注重建筑与环境的关系，尽可能减少建筑对环境的影响，建筑应在满足建筑功能与美观的基础上，尽可能降低体形系数。

体形系数对建筑能耗影响较大，依据寒冷地区的气候条件，建筑物体形系数在 0.3 的基础上每增加 0.01，该建筑物能耗增加 2.4%～2.8%；每减少 0.01，能耗减少 2%～3%。例如，寒冷地区建筑的体形系数放宽，围护结构传热系数限值将会变小，使得围护结构传热系数限值在现有的技术条件下实现的难度增大，同时投入的成本太大。适当地将低层建筑的体形系数放大到 0.52 左右，将大量建造的 4～8 层建筑的体形系数控制在 0.33 左右，有利于控制居住建筑的总体能耗。高层建筑的体形系数一般控制在 0.23 左右。为了给建筑师更灵活的空间，将寒冷地区体形系数适当放宽，控制在 0.26（≥ 14 层）。

3. 合理确定窗墙面积比，大幅度提高窗户热工性能

现代建筑中，普通窗户（包括阳台门的透明部分）的隔热和保温性

能通常远低于外墙。在夏天，窗户允许更多的太阳辐射进入室内，导致室内温度升高，当窗户面积增加时，建筑的采暖和空调需求也随之增加。为了实现能源效益，有必要对窗户和墙体的面积比进行限制，通常室内采光需求应作为确定窗墙面积比的主要标准。

在寒冷地区，无论是在过渡季节还是冬夏季节，居民都习惯于开窗以增强室内通风，这样做有两个主要原因：第一，自然通风可以提高室内空气质量；第二，在夏季的阴天或晚上，外部环境相对凉爽，增强室内通风可以有效地消除室内的多余热量，减少空调的能耗，这些因素都需要有足够的开窗面积。设有大的南向窗户有助于冬季直接获取太阳的辐射热，根据近年来的住宅小区调查，以及北京、天津等地的标准，窗墙面积比通常应控制在 0.35 或以下，如果窗户具有良好的热工性能，窗墙面积比可以适当增加。

在寒冷地区的中部和东部，冬季的平均风速通常超过 2.5 m/s，而在西部，冬季的室外温度相对较高，风速较低，特别是在夏夜，风几乎没有。如果南北朝向的窗墙面积比过大，可能不利于夏季的通风。如果窗户面积太小，则可能导致室内光线不足。在寒冷地区的西部，由于冬季日照率较低，增大南向窗户在冬季为室内提供的太阳辐射热量相对有限。如果窗户面积过小，增加的室内照明电能消耗可能超过节省的采暖能耗。因此，在寒冷地区的西部，围护结构的节能设计不应过分依赖于减少窗墙面积比，而应重点提高窗户的热工性能。

近年来，居住建筑的窗墙面积比有越来越大的趋势，这是因为商品住宅的购买者都有希望自己的住宅更加通透明亮。为了满足街道建筑立面的审美需求，适当增大窗墙面积比是可行的，但在这样做的时候，首先应该考虑降低窗户（包括阳台的透明部分）的传热系数，例如使用双层或中空玻璃窗，并增加可移动的遮阳设备；其次，考虑降低外墙的传热系数，以确保窗墙的热工性能差异不会进一步扩大。日本、美国等国以及中国的香港地区都将提高窗户的热工性能和遮阳控制视为夏季降温与减少住宅空调负担的关键。在这些地方，住宅的窗户外部普遍安装有遮阳设备。

在夏天，太阳对西（东）向的辐射是最强烈的，不同方向的墙面所受到的太阳辐射强度，西（东）向墙面最高，其次是西南（东南）向，再次是西北（东北）向，而北向墙面最低。严格限制西（东）向窗户的面积比，并尽量确保东西方向不设窗户是明智的选择。

对外窗的传热系数和窗户的遮阳太阳辐射透过率做出严格的限制，是寒冷地区建筑节能设计的特点。在放宽窗墙面积比限值的情况下，必须提高对外窗热工性能的要求，才能真正做到住宅的节能。此外，增大窗墙面积比并提高外窗的热工性能，为建筑师和开发商提供了更大的设计自由度，更好地满足了寒冷地区居民对提高住宅建筑标准的期望。

门窗在建筑立面中往往是隔音的薄弱点，目前，大量的外凸飘窗设计不仅不利于隔绝外部噪声，而且可能影响建筑的整体美观，所以在确定窗口尺寸时，应充分考虑立面造型、周围的噪声环境，以及采光和通风的需求。在满足室内的采光和通风标准基础上，门窗的设计应趋向于小型化。在建筑设计中，建筑师常常选择长条形的窗户，但这种设计可能导致相邻房间的噪声互相干扰，因为这种窗户可能跨越多个房间，为此，这些地方的隔音设计应得到充分的重视。考虑到噪声的传播具有一定的方向性，设计锯齿形或波浪形的窗户可以有效地减少噪声的入侵。

在寒冷地区，住宅的南面房间，如客厅和主卧，通常有较大的窗户。在夏季，这些窗户引入的太阳辐射热量往往是空调负荷的主要来源，所以部分寒冷地区建筑的南向外窗（包括阳台的透明部分）宜设置水平遮阳或活动遮阳。在南窗的上部设置水平外遮阳，夏季可减少太阳辐射热进入室内，冬季由于太阳高度角比较小，对进入室内的太阳辐射影响不大。有条件的最好在南向窗户设置卷帘式或百叶窗式的外遮阳。东、西向的窗户同样需要遮阳措施，但由于太阳在东升和西落时的角度较低，窗户上方的水平遮阳几乎无法起到遮挡作用，更适合安装可以完全遮蔽窗户的可调节遮阳设备。

冬夏两季透过窗户进入室内的太阳辐射对降低建筑能耗和保证室内环境的舒适性所起的作用是截然相反的。为了满足建筑在不同季节对阳光的需求，采用可调节的外部遮阳设备更合适，如窗外的卷帘和百叶窗都属于可以完全展开或关闭以遮挡窗户的活动式外遮阳。虽然这些设备的成本可能高于常规的固定遮阳设备（如窗口上方的遮阳板），但是它们的遮阳效果更佳，能够满足冬夏季的需求，因此应予以推广。

另外，有些建筑在设计时过分追求独特的形式，导致其结构不合理、空间被浪费或者构造过于复杂，增加了建筑材料的使用，提高了运营成本，仅仅为了追求外观上的美感而付出巨大的资源代价是与绿色建筑的核心理念不符的。在设计过程中，应该限制那些没有实际功能但仅作为装饰的构件，这些无功能的装饰构件包括：①大量使用的飘板、格栅和构架等，它们不具备遮阳、导光、导风、承载或辅助绿化的功能；②为了追求标志性效果，在屋顶等位置设置的塔、球体、曲面等特殊形状的构件；③女儿墙的高度超出规定要求的两倍以上；④超过外墙总面积20%的双层外墙（包括幕墙），这种设计不符合当地的气候条件，也不利于节能。

（二）围护结构保温节能设计方面的考虑

在寒冷地区，建筑的保温设计是绿色建筑考量的核心要素，这是因为在这些地区，建筑的空调和采暖需求主要是由围护结构的热传导所引起的。在冬天，采暖系统的主要任务是补充由于围护结构从室内向外部传递的热量损失，围护结构的隔热性能直接决定了建筑的能源消耗。通过对围护结构进行高效的保温设计，可以减少空调和采暖系统的工作负荷，降低设备的规模或缩短其运行时间，这可以节约能源和日常运营成本，确保室内温度的舒适性，这是绿色建筑设计的关键目标。建筑的围护结构涵盖了墙体、门窗、屋顶和地面，在寒冷地区，这些建筑元素既要满足基本的强度、防潮、防水和防火要求，又需要满足保温和抗寒的标准。

从节能的视角来看，住宅设计应避免使用凸窗，节能只是住宅设计中的一个考虑因素。如果确实需要设置凸窗，那么必须确保其具有良好的隔热性能。由于寒冷地区冬季室内外的温差较大，凸窗更容易出现结露，尤其是在北向的房间中，这种结露可能影响房间的使用，还可能导致其他问题。

凸窗的热工性能缺陷可能会削弱整个围护结构的隔热效果，更严重的是，这些热工缺陷和热桥可能导致室内结露，这些特定的结构部分可能成为热桥的隐患，在进行外部保温时，需要特别关注这些部位。

第三节　温和地区的绿色建筑设计

一、温和地区的定义及气候特点

温和地区是指我国最冷月平均温度满足 0 ～ 13℃，最热月平均温度满足 18 ～ 25℃，日平均温度 ≤ 5℃的天数为 0 ～ 90 天的地区。该地区的气候特征：大部分地区冬温夏凉，干湿季分明；常年有雷暴、多雾，气温的年较差偏小，日较差偏大，日照较少，太阳辐射强烈，部分地区冬季气温偏低。

二、温和地区绿色建筑的阳光调节

阳光调节作为一种绿色节能设计方法非常适合温和地区气候特点，阳光调节的功能可以通过确定朝向和设置遮阳来实现。阳光调节的措施包括：建筑的总平面布置、建筑单体构造形式、遮阳及建筑室内外环境优化。

温和地区绿色建筑阳光调节主要是指夏季做好建筑物的阳光遮蔽，冬季尽量争取阳光。

（一）温和地区建筑布局与自然采光的协调

1. 温和地区建筑的最佳朝向

在选择温和地区建筑的朝向时，应优先考虑自然光照的利用，以及自然通风的需要。由于温和地区大多数地方位于低纬度高原地带，接近北回归线，并且海拔较高，所以日照时间相对较长，且空气清新，在晴朗的天气下，太阳的紫外线辐射也较为强烈。研究和当地的居住习惯都表明，南向的建筑在温和地区可以获得最佳的光照和日照条件，以昆明为例，当地居民更喜欢南北朝向的住宅，并尽量避免西向，主要的居住空间都布置在南面，而根据昆明的日照研究，考虑到墙面的日照时间和室内的日照面积，建筑的最佳朝向应为正南、南偏东30°或南偏西30°。东南和西南朝向的建筑可以接收到更多的太阳辐射，而正东朝向的建筑在上午会受到强烈的日照，西向的建筑在下午则会受到较强的日照。

2. 有利于自然采光的建筑间距

建筑之间的距离是决定后方建筑能否获得充足阳光的关键因素，这个距离的大小直接关系到后方建筑的日照能力。为了确保建筑能够接收到足够的阳光，与其他建筑之间必须保持适当的距离。

日照的主要目标是确保室内环境的健康和舒适，因此提出了衡量日照效果的最低限度，即日照标准。作为日照设计依据，只有满足了日照标准，才能进一步对建筑进行自然采光优化。例如，昆明地区采用的是日照间距系数为0.9～1.0的标准，即日照间距D=（0.9～1.0）H，H为建筑计算高度，所以昆明地区建筑之间的最小距离为D=（0.9～1.0）H。

值得强调的是，仅仅满足日照间距并不等同于建筑能够获得优质的自然采光，实际上，为了确保良好的自然采光，建筑之间的实际距离可能需要大于日照间距，所以在决定建筑间距时，除了满足日照标准，还需要确保建筑能够获得良好的自然采光。为了更准确地评估建筑的采光状况，可以使用建筑光环境模拟软件，这些工具能够模拟建筑的实际日照条件，为建筑师提供关于建筑采光情况的详细分析，帮助他们确定更合适的建筑间距。

在温和地区，确定建筑间距时除了要考虑日照和采光问题外，还需要考虑建筑的自然通风需求，理想的建筑间距应该既能确保建筑获得良好的自然采光，又能促进建筑的自然通风。

（二）夏季的阳光调节

在温和地区，虽然夏天的气温并不过高，但由于太阳的强烈辐射和紫外线的高含量，直接的阳光照射可能对人体造成伤害。夏季的阳光调节主要目标是减少阳光的直接照射，限制过多阳光进入室内，为此，应采用遮阳设施，特别是在建筑的门、窗和屋顶部分。

1. 窗与门的遮阳

在这些温和的地区，建筑物的东南、西南、正东和正西方向受到的太阳辐射较为明显，这些方向的窗户和门都需要考虑遮阳措施。考虑到这些地区全年的太阳高度角相对较大，建议使用可调节的水平遮阳或结合百叶窗的水平遮阳方式。

2. 屋顶的遮阳

由于温和地区夏季的太阳辐射强度大，太阳高度角也较高，直射下的屋顶温度会显著升高，如果屋顶没有适当的遮阳或隔热措施，顶层的房间温度就会变得很高，所以温和地区需要为屋顶设置遮阳措施。

屋顶遮阳可以通过特定的遮阳框架来达到，这种框架既可以为屋顶植被提供必要的阳光，又可以遮挡过多的太阳辐射，降低屋顶的温度。此外，这种方法还可以延长雨水的蒸发时间，促进屋顶植被的生长，这种将绿色植物与建筑结合的方式，一方面展现了建筑与自然的和谐，另一方面与园林城市的特色相契合，完美体现了绿色建筑的"环境友好"

理念。除此之外，建筑屋顶还可以设置隔热层，并在其上安装太阳能集热板，遮挡阳光，并充分利用太阳能，进一步展现绿色建筑的环保特性。

（三）冬季的阳光调节

在温和地区，冬季的阳光调节策略主要旨在最大化地引入阳光，以利用太阳的辐射热量增加室内温度。

1. 主朝向上集中开窗

在确定建筑的最佳朝向后，为了确保冬季能够引入最大量的阳光，应在主要朝向及其对应的方向上集中设置窗户和门。

2. 窗户和门的保温

外部的窗户和门是建筑中最容易形成热桥和冷桥的部位，在温和地区，尽管冬季的白天可能相对温暖，但夜晚和阴雨天的气温会降低。为了防止窗户和门处的热桥导致室内热量损失，必须在这些部位采取适当的隔热和保温措施。

3. 设置附加阳光间

考虑到温和地区冬季的太阳辐射量较为充足，被动式太阳能采暖成为一种理想的选择。附加的阳光空间，如阳台或大面积的落地窗，是这一地区常见的太阳能采暖策略。以昆明为例，许多住宅会在朝阳的一侧设置阳台或安装大面积的落地窗，并配备遮阳设施进行调节，此设计策略确保了冬季能够获得充足的阳光，能在夏季通过遮阳设施避免阳光直射进室内，这实际上是充分利用了阳光空间在冬季的采光和供暖特性，并通过遮阳措施解决了夏季带来的过多热量问题。

三、温和地区绿色建筑的自然通风设计特点

在温和地区，自然通风与阳光调节并驾齐驱，都是与当地气候相匹配的绿色建筑节能策略。自然风不只是一种宝贵的绿色资源，能够促进空气流动、传输热量，为室内带来新鲜的空气，营造一个舒适和健康的

生活环境。在当前的能源紧缺背景下，风的潜力还可以被转化为其他形式的能量，供人们使用。

建筑的内部通风状况对于居住者的健康和舒适度有很大影响，良好的通风能够刷新室内空气，产生气流，直接影响人体的舒适度。此外，通风还可以调节室内的温度和湿度，以及内部表面的温度，间接地对人体产生积极的效果。

（一）温和地区的建筑布局与自然通风的协调

1.有利于自然通风的朝向

在温和的气候地区，建筑的朝向选择应优先考虑自然通风的条件，这需要参考该地区的主导风向、风速等气象数据来指导建筑的布局，并考虑到自然采光的需求。以昆明为例，除了冬季的阴雨天（大约 15 天）外，其余时间都具备良好的通风条件，全年的主导风是西南风，这意味着南向和西南向是最佳的通风朝向。结合昆明的自然采光最佳朝向——正南、南偏东 30°、南偏西 30°，选择南向或西南向作为建筑朝向既满足了通风需求，也满足了采光需求。

然而，当自然通风和自然采光的最佳朝向发生冲突时，需要进行权衡。例如，某建筑的最佳通风朝向可能是太阳辐射较强的西向，但在温和地区，这样的朝向仍可被采纳。虽然夏季此朝向的太阳辐射较强，但由于室外温度并不高，导致的综合温度也不高，这表明通过围护结构传入室内的热量较少。正是此原因解释了为何在温和地区，尽管外部阳光强烈，室内却仍然凉爽。如果在这个朝向上采用遮阳措施，就能进一步改善西向的日照问题。良好的通风还可以进一步带走室内的热量，避免了因强烈日照而导致的室内过热，还为室内创造了舒适的通风环境。

2.有利于居住建筑自然通风的建筑间距

建筑之间的距离对整个建筑群的自然通风起到关键作用，为了确保室内风环境的质量，需要根据风向的投射角来选择最佳的建筑间距。在气候温和的地区，应结合当地的日照和风向数据来决定合适的建筑间距，具体策略是，首先确保满足日照需求的间距，然后考虑通风需求，如果通风所需的间距小于日照所需的间距，那么应以日照为准；反之，如果通风所需的间距大于日照所需的间距，那么可以以通风为准。当然，在决定建筑间距时，还必须考虑到土地的有效利用。

以昆明为例，为了确保冬至时至少有 1 小时的日照，当地采用了日照间距系数为 0.9 ～ 1.0 的标准，即日照间距 D=（0.9 ～ 1.0）H，其中 H 代表建筑的计算高度。为了达到良好的室内通风效果，选择的风向投射角大约为 45° 是比较合适的，此时对应的通风间距应为（1.3 ～ 1.5）H。对比日照和通风的间距需求，显然通风的需求大于日照的需求，因此昆明地区的住宅建筑间距可以根据通风的需求来确定。

但是，对于高层建筑，不能仅依赖日照和通风的间距来决定建筑间距，因为（1.3 ～ 1.5）H 对于高层建筑而言是一个相对较大的距离，实际应用中这样的间距是不现实的，这就要求在其他设计方面寻找解决方案，如通过调整建筑的平面布局和空间布局来满足高层建筑的通风和日照需求。

3. 有利于自然通风的建筑平面布局

建筑的排列配置一方面对通风效果产生深远的影响，另一方面与土地利用的效率密切相关，有时候为了满足良好的通风效果，建筑间距可能会偏大，这可能导致土地的过度使用，与土地节约的原则产生冲突，但是通过巧妙的建筑平面设计，这种矛盾可以得到缓解。例如，使用错列式的布局方式可以有效地增加前后建筑之间的实际距离，当采用这种布局方式时，可以适当地减少前后建筑之间的实际间距，既满足了通风的需求，又实现了土地的高效利用。在气候温和的地区，为了实现最佳的自然通风效果，错列式的建筑布局是一个理想的选择。

（二）温和地区的单体建筑设计与自然通风的协调

在气候温和的地区，建筑的平面和立面设计、门窗的配置应优化自然通风。为了确保能源效率，南北朝向的窗户设计需要平衡其形态与隔热措施，以抵御风雨侵袭并减少能源损耗。以昆明为例，南向和西南向是最有利于自然通风和采光的方向，应在这两个方向上设置窗户和阳台。但为了避免冬季的热量损失和夏季的过度热量吸收，这些窗户和门需要采取适当的保温、隔热和遮阳措施，以降低由它们引起的能源消耗。同时，其他方向的围护结构应满足节能标准。

在温和地区的建筑设计中，除了要满足围护结构的热工标准和空调设备的能效标准外，还需考虑以下几点：

第一，当布置住宅时，老年人的卧室最好位于南偏东和南偏西之间，这样可以在夏季减少外部热量的积累，在冬季则可以享受更多的阳光。儿童房间最好朝南；起居室应朝南或南偏西；其他卧室可以朝北；厨房、卫生间和楼梯间等辅助空间则应朝北。

第二，房间的大小应根据使用需求来确定，避免过大的空间。

第三，门窗的位置不仅有助于提高房间的空间利用率和家具的合理布置，还应考虑其对穿堂风的组织，避免出现"口袋式"房间的布局。

第四，厨房和卫生间的进出风口应考虑主导风向，并减少对邻近房间的不良影响，避免强风造成的逆流现象以及油烟对周边环境的污染。

第五，为了照明节能，单面采光的房间深度不应超过6米。

（三）温和地区的通风策略

1.夏季的通风策略

在气候温和的地区，夏季的通风策略建议：在日间，应全面开放室内的门和窗户，形成穿堂风，实现全面的空气流通。在夜晚，虽然可以保持窗户开放，但建议关闭部分房间的门，这样可以降低室内的风速，避免大范围的通风。这种策略的背后原因：夏季的白天，空气的温度和湿度相对较低，空气质量较好，可以直接引入室内，达到降温和除湿的效果。而到了夜晚，由于昼夜的温差，气温会相对较低，如果继续大面积通风，反而会让室内的温度过低，给人带来冷的感觉。

2. 冬季的通风策略

温和地区的冬季并不适宜进行大规模的通风，但是可以考虑利用太阳能进行通风。得益于温和地区丰富的太阳能资源，冬季的晴天或中午时，可以利用太阳的辐射来加热空气，然后将这些加热后的空气引入室内，达到供暖的效果。目前，尽管太阳能在温和地区的建筑应用主要集中在热水系统上，但如果能够将这一绿色能源更广泛地应用于建筑的通风和空调系统，无疑将进一步减少该地区建筑的能源消耗。

（四）温和地区太阳能与建筑一体化

在气候温和的地区，由于室外空气的状态参数始终处于一个理想的范围，并且太阳的辐射强度较高，这为太阳能通风和太阳能热水系统的应用创造了极佳的条件。但要真正实现太阳能与建筑的有机结合，必须确保太阳能系统的各个组件能够完美地融入建筑结构中。

1. 太阳能集热部件与建筑的融合

在利用太阳能的建筑中，太阳能集热器无疑是核心部件，但传统的、整体式的安装方式或规整的排列方式可能会对建筑的外观产生不良影响。为了真正实现太阳能与建筑的结合，关键在于将太阳能系统的各部件整合到建筑中，使其成为建筑的固有部分，这样，太阳能与建筑的一体化才能得以实现。理想的太阳能与建筑结合方式：将集热器与储热器分开放置，集热器应被视为建筑的组成部分，与建筑结构完美融合，而储热器应放置在相对隐蔽的地方，如室内的阁楼、楼梯间或地下室。除了确保集热器与建筑的无缝结合外，还需要确保系统的流通性和工作效率。最后，太阳能集热器在尺寸和颜色上要与建筑外观和谐，并实现标准化和系列化，便于产品的广泛推广、更新和维护。

2. 太阳能通风技术与建筑的结合

在气候适中的地区，室外空气的状态参数始终处于一个良好的范围，加上太阳的辐射强度较高，这为太阳能通风技术的应用创造了有利条件。在炎热的夏季，利用太阳能通风技术可以引导室外的凉爽空气进入室内，达到降温去湿的效果。而在冬季，特别是在中午和下午气温相对较高的时段，太阳能通风可以将室外温暖的空气导入室内，实现供暖的目的。这种方式既提供了温暖，又引入了新鲜的空气，解决了冬季因为减少开窗而导致的室内空气质量下降的问题。

在这样的地区，建筑师应当巧妙地运用各种建筑形态和元素，使其成为太阳能的集热部件，这些部件可以吸收太阳的辐射热，使室内空气在垂直方向上形成温度差异，产生热压效应，促成自然通风。这种由太阳辐射热引发的自然通风称为太阳能热压通风。

对于那些具有高大空间、在垂直方向上与屋顶直接相连的建筑，实现太阳能通风相对容易，建筑中的中庭或机场的候机大厅都是这样的空间。如果在屋顶上铺设有吸热特性的遮阳材料，这些材料在吸收太阳热后，会将热量传递给屋顶，导致建筑上部的空气加热并上升，而如果在屋顶上设置出口，加热的空气就会从这些出口排出。与此同时，如果在建筑底部设置入口，室外的空气就会进入，补充被排出的室内空气，形成自然通风的循环。此外，如果将这些特殊的遮阳设施设计为太阳能集热板，那么就可以进一步利用太阳能，将其转化为太阳能热水系统或太阳能光伏发电系统的能源。

3.太阳能热水系统与建筑的结合

太阳能与建筑的完美融合主要体现在太阳能热水系统与建筑的整合上。如今，太阳能热水系统作为一个被国家大规模推广的可再生能源技术，已经在国内积累了大量的研究成果，这些研究和已经相对完善的技术为太阳能热水系统在适宜地区的广泛应用提供了坚实的基石。

特别是在气候适中的地方，由于其丰富的太阳能资源，太阳能热水系统得到了迅速的发展和广泛的应用。以云南省为例，太阳能热水器在此地区已经被广大用户所接受，在建筑设计中，太阳能热水系统的集成已经成为一个不可或缺的部分。事实上，云南已经崭露头角，成为我国太阳能应用的领军之地。

将太阳能热水系统与建筑完美结合，意味着将这些系统作为建筑的一部分进行安装，与建筑实现真正的有机融合，这种融合不仅仅体现在外观和形态上，更重要的是在技术性能上。为了实现这种高度的融合，必须制定相关的设计、安装、施工和验收标准，只有从技术规范的角度出发，才能确保太阳能热水系统与建筑的完美结合，进而推动太阳能产业的快速发展。

太阳能热水系统与建筑结合，包括外观上的协调、结构集成、管线布置和系统运行等方面。

第一，从外观角度看，太阳能热水系统应与建筑风格融为一体。无论是安装在屋顶、阳台还是墙面，太阳能集热器，都应与建筑的整体设计和谐统一，使其成为建筑的自然延伸。

第二，在结构设计方面，太阳能热水系统的安装应确保不影响建筑的基本功能，如承重和防水。太阳能集热器应具备足够的稳固性，能够抵御各种恶劣天气，如强风、大雪、冰雹和雷击。

第三，关于管路的布局，太阳能循环管线和冷热水供应管线应有序布置，以减少热水管线的距离。在建筑设计阶段，应预留出所有必要的管路接口和通道，以便后续安装。

第四，在系统的运行和维护方面，太阳能热水系统应保证其运行的可靠性、稳定性和安全性。系统应易于安装、维护和检修。此外，太阳能与其他辅助能源加热设备的结合应合理，努力达到系统的智能化和自动化控制。

第四节 夏热冬冷地区的绿色建筑设计

一、夏热冬冷地区的定义及气候特征

夏热冬冷地区是指我国最冷月平均温度满足 0 ～ 10℃，最热月平均温度满足 25 ～ 30℃，日平均温度 ≤ 5℃的天数为 0 ～ 90 天，日平均温度 ≥ 25℃的天数为 49 ～ 110 天的地区。该地区的气候特征：大部分夏热冬冷地区夏季闷热，冬季湿冷，气温日较差小；年降水量大；日照偏少；春末夏初为长江中下游地区的梅雨期，多为阴雨天气，常有大雨和暴雨出现；沿海及长江中下游地区夏、秋季常受热带风暴和台风袭击，易有暴雨大风天气。

二、夏热冬冷地区绿色建筑设计的总体思路

（一）绿色建筑规划设计

1. 建筑选址

建筑的地理位置及其周围的地形特征直接决定了建筑的日照和通风条件，进而影响其热环境和能耗。对于绿色建筑，其选址、规划、设计以及建设都应深入考虑其所在的气候和地理环境，在选择地点时，应优先考虑对自然水体、湿地、山脉、沟壑和珍贵的植被群落的保护，避免地质和气候灾害的潜在威胁。建筑设计还应尊重并挖掘当地的建筑文化，努力打造具有地域文化特色的作品。

在传统建筑中，选址强调对地面、地形、地标、气候、土壤以及建筑的方向和朝向的重视。例如，在夏热冬冷的地区，传统住宅常常选择依山傍水的地点，利用山体遮挡冬季寒风和水面冷却夏季热风，在选址时已经很好地满足了日照、取暖、通风、供水和排水的需求。

一般来说，建筑的理想位置应选择在有利于日照和通风的地方，如阳光充足的平地或山坡，并努力减少冬季寒冷气流的不良影响。然而，在现代社会，由于各种限制，建筑选址在规划设计阶段的可操作性可能受到限制，因此现代绿色建筑的理念更多的是根据周边的地理特征，通过合理的总体布局、方向选择和景观创造来实现其目标。

2. 规划的总平面布置

在规划建设区域的总平面布置时，应优先考虑利用并维护现有的地形和地貌，以降低场地整平的工作量，最大限度地保护原始的生态和景观环境。场地设计应综合考虑建筑对外部环境（如风、光、温度和声音）的影响，建筑之间以及建筑与其周边的自然和人造环境的整体布局，并关注场地开发对当地生态系统可能带来的影响。

建筑群的定位、配置、形态、高度以及道路的布局都会对风的方向和速度、日照产生显著的效果，在考虑建筑的总平面布局时，应综合考虑建筑的体积、方向、间隔和道路方向等元素，以确保最大化地利用自然通风和日光。

3. 朝向

建筑的朝向对于其节能性和室内的舒适度具有决定性的影响，通过明智地选择建筑的朝向，可以确保更多的房间面向南方，使得在冬季最大化地吸收太阳的热辐射，减少供暖的能源消耗。减少建筑东、西部的房间可以降低夏季太阳热辐射的冲击，进一步减少制冷的能耗。通常，建筑的最佳朝向是基于日照和通风这两个关键因素来确定的，在考虑日照时，南北方向被视为最佳的朝向。

考虑到夏季的自然通风，建筑的长边最好与夏季的主导风向成直角，但从整个建筑群的角度看，这样的布局可能会阻碍后方建筑的通风，所以，与夏季主导风向的角度通常应控制在30°～60°。在实际设计中，可以首先根据日照和太阳的入射角来确定建筑的朝向范围，然后根据当地的主导风向进行进一步的优化，在进行优化时，应考虑整个建筑群的通风效果，确保每栋建筑都能获得良好的通风效果，扩大室内的有效通风区域。

选择建筑的主要朝向时，应考虑当地的最佳或接近最佳的方向，并尽量避免东西方向的日照。选择朝向的基本原则是在冬季确保充足的日照，并避免主导风向，而在夏季则要利用自然通风和遮阳措施来抵御太阳辐射。然而，建筑的朝向和总体布局设计需要综合考虑多种因素，公共建筑尤其受到社会、历史、文化、地形、城市规划、道路和环境等多种因素的影响，要完全实现建筑朝向在夏季和冬季都达到理想状态是具有挑战性的，设计师需要在各种因素之间进行权衡，确定该地区建筑的最佳和次佳朝向。通过对各种因素的综合分析和优化，可以选择当地建筑的最佳或适当的朝向，最大限度地避免东西方向的日照。

4. 日照

建筑内部的日照为其提供了冬季所需的热量，且满足了居住者的身心健康需求。在夏热冬冷的地区，由于冬季日照时间较短，这一点尤为关键。建筑的日照时长和质量主要由其总体布局决定，特别是建筑的朝向和相互之间的距离，虽然较大的建筑间隔可以确保良好的日照，但这可能与土地利用效率产生冲突。

为了在总平面设计中实现最佳的日照和建筑间距组合，需要精心安排建筑的位置和朝向，如可以选择交错排列的建筑布局，以利用斜向的阳光和建筑两侧的空间。从垂直布局的角度看，将较低的建筑置于较高建筑的阳光面或为前排建筑选择斜屋顶都可以缩小建筑间的距离。此外，通过在单体建筑设计中采用逐层退缩或合理调整楼层高度，也可以实现这一目标。

当建筑群的布局不规则，或建筑形状和立面设计复杂，或条形住宅的长度超过 50 米，或高层住宅布局过密时，传统的建筑日照距离系数可能不再适用，在这种情况下，必须使用计算机进行精确的模拟计算。随着开放阳台和大型落地窗的普及，根据不同窗户的高度模拟分析建筑外墙各部分的日照情况变得尤为关键，这能准确地确定哪些地方无法直接接受阳光，以及这种情况发生的时间，并分析其对室内采光的影响。因此，在建筑容积率确定的前提下，使用计算机对建筑群和单体建筑进行日照模拟分析可以为不满足日照要求的区域提供改进建议，提供确保建筑采光亮度和日照时间的策略。

5. 地下空间利用

合理设计建筑物地下空间，是节约建设用地的有效措施。在规划设计和后期的建筑单体设计中，可结合实际情况（如地形地貌、地下水位的高低等），合理规划并设计地下空间，用于车库、设备用房、仓储等。

6. 配套设施

在配套设施规划建设时，在服从地区控制性详细规划的条件下，应根据建设区域周边配套设施的现状和需求，统一配建学校、商店、诊所等公用设施。配套公共服务设施相关项目建设应集中设置并强调公用，既可节约土地，又可避免重复建设，提高使用率。

7. 绿化

绿色植被对于建筑的周边环境和微气候具有显著的调节作用，它有助于稳定气温，平衡碳和氧的比例，缓解城市的温室效应和热岛效应，减少空气污染，降低噪声水平，净化空气和水资源，并为建筑提供遮阳和隔热功能。这些特性使得绿化成为优化社区微气候、提高室内温度舒适度和降低建筑能源消耗的关键手段。

建筑周围的绿化能够有效地调整气温并增加空气的湿度，这主要得益于植物（特别是大型树木）的能力，如遮挡阳光、降低风速和进行蒸腾作用。在植物的生长过程中，它们从土壤中吸取水分，并通过叶片进行蒸腾作用，释放水分。植物通过光合作用，利用阳光能量将空气中的二氧化碳和水转化为有机物质，这两种生物过程都需要吸收太阳的辐射热量。例如，森林中的树叶面积约为其种植面积的 75 倍，而草地上的叶面积约为其面积的 25 ～ 35 倍，这些巨大的叶面积都在进行蒸腾和光合作用，吸收太阳辐射热并降低空气温度。

为了实现最佳的生态效益，环境绿化应考虑植物的多样性。植物的配置应在空间上形成多层次的分布，包括乔木、灌木、花卉、草本和藤本植物，以充分利用光合作用的空间效应。植物多样性有助于最大限度地利用阳光、水资源、土壤和肥料，形成一个和谐、有序、稳定、美观的多层次、混合的植物群落。这种具有空间层次感的植物群落色彩丰富，能吸引各种鸟类、昆虫和其他动物，形成新的食物链，从而成为生态系统中能量转换和物质循环的关键环节，以实现生态系统的平衡和生物多样性的最大化。

小区的生态绿化和景观设计应与其周边环境相协调，体现该地区的城市特色、自然风貌、地理特点、水域、植被、建筑风格和社区功能。这样的设计策略旨在展现自然与人文环境的和谐统一。

在夏热冬冷的地区，植物种类繁多，夏季时，植被能够反射太阳的辐射，通过光合作用吸收大量的热量，蒸腾作用也有助于消散部分热量。适当的绿化植物不仅在夏季为环境提供遮阳，还能在冬季让阳光透过其稀疏的枝叶照进室内。墙面的垂直绿化和屋顶的绿化设计可以有效地隔绝外部的热辐射，恰当的树木高度和布局则有助于引导地面的气流。因此，区域内合理的绿化策略能够调节气温、湿度和风向，进而优化微气候，减轻热岛效应。传统的夏热冬冷地区的民居中，经常会种植高大的落叶乔木和攀缘植物，这样既能调节庭院的微气候，又能在夏季引导通风，为建筑提供必要的遮阳。

在绿化环境的设计中，应做到以下几点：

第一，在规划阶段，应努力提高绿地的比例。

第二，选择的植物应适应当地的气候和土壤条件，且应易于维护、耐寒、抗病虫害，并对人体无害。

第三，在铺装区域，应种植更多的树木，以减少硬化地面的暴露面积。

第四，对于低层和多层建筑，其墙面应种植攀缘植物（如爬山虎），实现垂直绿化。

第五，草坪、灌木和乔木应有序搭配，形成多层次的立体绿化。

第六，在建筑物需要遮阳的南侧或东、西侧，应种植高大的落叶树。而在北侧，应以耐阴的常绿乔木为主，与灌木相结合，形成绿化屏障。

第七，绿化的灌溉水应优先使用收集的雨水。

8. 水环境

绿色建筑注重水环境的设计，涵盖供水、排水、景观用水、其他用途的水以及水的节约。确保水环境的质量是对水资源进行高效利用的关键。绿色建筑生态小区强调水环境的安全性、卫生性和高效供应，关注污水的处理和再利用，此方法可以节约水资源，提高水的循环使用效率。

在夏季，水体的蒸发过程会消耗一定的热量，有助于降低温度。水体本身具有稳定的热性质，这导致了水体与其周围空气之间在昼夜间的温差变化，进而产生热风压，促使空气流动，有助于缓解城市热岛效应。

在雨水丰富的夏热冬冷地区，区域水景的规划可以与绿地设计和雨水回收相结合，如设置喷泉、池塘、湖泊和露天游泳池，这些设计能在夏天降低室外温度，调节湿度，还能为居民创造一个宜人的微气候环境。

在进行水系统的规划和设计时，需要考虑以下关键因素：

第一，当地的节水规定、水资源情况、气象数据、地质条件以及市政设施。

第二，确定用水定额、估算用水量并平衡水量。

第三，设计供水和排水系统的方案和技术措施。

第四，选择节水设备和系统。

第五，选择污水处理方法和技术。

第六，对雨水和再生水等非传统水源的利用进行论证和设计。

第七，制定水系统规划方案，这是绿色建筑供排水设计的关键步骤，也是设计师确定设计思路和方案的基础。

如果条件允许，水景设计应模仿自然水环境，选择本地的水生植物和动物，这样不仅能增强水体的自净能力，还能为居民创造一个更加自然和宜人的环境。

9. 雨水收集与利用

通过屋顶收集雨水和采用透水性的道路表面，雨水可以被有效地回收，经过适当处理，这些收集的雨水可以用于冲洗厕所、清洗汽车和灌溉庭院绿地。透水性地面包括天然未铺设的地面、公共绿地和绿化地面，还包括那些镂空面积达到或超过40%的镂空铺地，例如植草砖铺设的地面。

透水性地面提高了地面的渗水性能，有助于缓解城市热岛效应，调整微气候，增加地下水的补给，提高地下水储存量，并减少雨水的高峰流量，改善排水条件。

在环境设计中，对于承受压力较小的地面，如人行道和自行车道，可以选择使用透水砖；对于自行车和汽车停车场，可以考虑使用带孔的植草土砖。而在那些不适合直接使用透水地面的地方，例如坚硬的路面，可以与雨水回收系统相结合，将收集的雨水进行再渗透。

透水混凝土路面适用于各种地理和气候条件，开发这种透水混凝土路面的完整技术可以解决雨水收集和噪声污染的问题，实现资源的再利用，这是一种创新的节能和环保技术，具有广泛的应用前景。

10. 风环境

为了改善区域的风环境，可以采纳以下具体措施：

（1）总平面布置。在总体规划中，建议将较矮的建筑物放置在东南方向（或夏季主导风向的前方），从南到北，对不同高度的建筑进行逐步排列，确保在夏天增强南风的自然通风，在冬天阻挡较冷的北风。当后面的建筑比前面的建筑高时，后面的建筑的前方可以引导部分空气向下流动，从而改善底层的自然通风。

对于穿堂通风，应满足以下条件：①进风窗应面向主导风向，而排风窗则相反。②通过建筑形态或窗户设计来增强自然通风，并放大进/

排风窗的空气动力系数差异。③当两个或更多的房间组成穿堂通风时，房间的气流通道面积应大于进 / 排风窗的面积。④在一个住宅单元内，卧室和起居室应作为进风房间，而厨房和卫生间应作为排风房间。设计时，厨房和卫生间的窗户空气动力系数应小于其他房间。⑤利用穿堂风进行自然通风的建筑，其面对风的面应与夏季主风向成 60° ~ 90°，且不应小于 45°。

对于单侧通风，应采取措施使单面外墙窗口产生不同的风压分布，并增强热压效应。增大进 / 排风口的空气动力系数差值可以加强风压效应，增加窗口高度则可以加强热压效应。

当不能使用穿堂通风而只能使用单侧通风时，应满足以下条件：①通风窗与主导风向的夹角应成 40° ~ 65°。②通过窗户设计，在同一窗口上形成下部进风区和上部排风区，并通过增加窗口高度来增大它们的空气动力系数差值。③窗户设计应确保进风气流能深入房间。④窗户设计应避免其他房间的排风进入该房间。⑤应利用室外风来驱散房间内的排气。

在建设区域的总体规划中，建筑的外部形态也会对通风产生显著影响。例如，南侧的建筑如果面对街道，不应设计为过长的条状多层或高层建筑，而东、西侧的建筑，最好是点状或条状低层，尤其适合商业或其他非居住用途，以避免不良的建筑朝向和风向阻碍，北侧的建筑可以选择条状多层或高层设计，以便提高容积率。关键是总体规划应确保夏季主导风向不被阻挡。

（2）适当调整建筑间距。通常，建筑间的距离越大，通风效果越好，如果条件允许，结合绿地设计，适当增加某些建筑之间的距离，可以形成绿色空间，改善通风效果。此外，更大的建筑间距意味着更长的日照时间。

（3）采取错列式布局方式。传统的建筑群布局往往是整齐的行列式，但这种布局方式可能会限制室内的自然通风。交错布局可以打破这种模式，使空气流动不受山墙和道路的限制，提高建筑的通风效果。

（4）利用计算机模拟。通过计算机技术进行风环境的数值模拟和优化是一个高效的方法。这种模拟可以直观地展示气流流动情况，帮助决策者对不同的建筑布局方案进行比较和优化，实现更合理的室外风环境和室内自然通风。

（二）绿色建筑单体设计

1. 建筑平面设计

建筑的平面设计，应与传统生活方式相结合，可以有效地组织夏季的自然通风、冬季的太阳能采暖和全年的自然采光。以居住建筑为例，其户型设计应注重空间的紧凑性和实用性，确保空间的充分和合理利用，满足通风和采光的需求，关键是确保住房内的主要房间在夏季能够享受到流畅的穿堂风。通常，卧室和起居室作为进风房间，厨房和卫生间则作为排风房间，以满足各空间的空气质量标准。

阳台在住宅设计中扮演了重要的角色，在夏季可以为室内提供遮阳，还能引导通风，如果将阳台的西侧和南侧封闭，它就可以转化为一个室内外的热交换缓冲区。将电梯、楼梯、管道井、设备房及其他辅助空间布置在建筑的南侧或西侧，可以有效地屏蔽夏季的太阳辐射。与这些空间相邻的房间能够降低冷热消耗，减少大量的热量流失。

在进行建筑设计时，计算机模拟技术是一个宝贵的工具，在对日照和区域风环境进行初步的计算机模拟分析后，可以进一步使用计算机技术对特定的建筑或某个房间进行日照、采光和自然通风的模拟分析，更加精确地优化建筑的平面和户型设计，确保其满足所有的功能和舒适性需求。

2. 体形系数控制

体形系数是建筑物接触室外大气的外表面积与其所包围的体积的比值。空间布局紧凑的建筑体形系数小，建筑体形复杂、凹凸面过多的点式低、多层及塔式高层住宅等空间布局分散的建筑外表面积和体形系数大。对于体积相同的建筑，体形系数越大，意味着每单位建筑空间的热损失面积越大，为了节能，建筑设计中应努力控制体形系数，避免在立面上进行不必要的设计变化。但当出于审美或设计需求而选择较大的体形系数时，应增强围护结构的热绝缘性。

在选择节能建筑形态时，需要综合考虑多个因素，如冬季的温度、日照强度、建筑的朝向，以及当地的风环境等，以平衡建筑的热增益和热损失。为了控制体形系数，常见的策略包括：扩大建筑的整体尺寸，延长其长度和深度；尽量减少体形的变化，保持其规整性；合理设置楼层和层高；尽量减少单独的点状建筑或将其组合，以降低外墙面积。

3.围护结构设计

建筑的围护部分主要包括外墙、屋顶、门窗、楼板、隔户墙和楼梯间隔墙，这些结构直接与外部环境相接触，如果它们具备出色的保温和隔热性能，就能有效地降低室内与室外之间的热交换，进而减少供暖和制冷所需的能源。

（1）建筑外墙。在夏热冬冷的地区，面向冬季主风向的外墙会受到冷空气的直接冲击，导致其表面的散热量比其他方向的墙面更高。设计这类墙面的保温隔热结构时，应增强其隔热性，以提高其热阻。

为了确保外墙具有优越的保温隔热效果，主要有两个策略：设计恰当的外墙保温结构和选择低热传导系数且具有高蓄热能力的墙体材料。

第一，常用的建筑外墙保温结构是外墙的外部保温。与内部保温相比，外部保温在隔热效果和室内温度稳定性上表现更佳，并且有助于维护主体结构。目前市面上常见的外墙外部保温材料包括聚苯颗粒保温砂浆、泡沫塑料（EPS、XPS、PU）保温板、现场喷涂或浇注的聚氨酯硬泡以及保温装饰板等。但由于聚苯颗粒保温砂浆的保温效果相对较差且难以控制其质量，其使用频率可能会逐渐下降。

第二，自保温技术可以将围护结构的保护和保温功能融为一体，且其寿命基本与建筑相当。随着许多高效、适应当地环境的新型墙体材料（如江河淤泥烧结节能砖、蒸压轻质加气混凝土砌块、页岩模数多孔砖、自保温混凝土砌块）的推出，越来越多的外墙开始采用自保温设计。

（2）屋面。在冬季，屋顶的热损失在整个建筑围护结构中占据了显著的份额，而在夏季，太阳的强烈辐射可能导致最顶部的房间变得过热，增加了制冷的能源消耗。在夏热冬冷的地区，夏季的隔热是主要关注点，所以屋顶的隔热需求相对较高。为了实现最佳的屋顶保温隔热效果，可以采纳以下方法：①选择适当的保温材料，确保其导热系数和热稳定性都达到标准；②使用架空保温屋面或倒置屋面；③考虑使用绿色屋面、蓄水屋面或浅色斜屋面；④考虑使用通风屋顶、阁楼屋顶或吊顶屋顶。

3. 外部门窗和玻璃幕墙

外部门窗和玻璃幕墙是建筑与外部环境进行热交换和热传导最为频繁和敏感的部分。在冬季，它们的保温和气密性对于供暖的能源消耗起到了关键作用，其热损失是墙体的 5～6 倍。而在夏季，大量的热辐射直接进入室内，显著增加了制冷的能源需求。在设计围护结构时，外部门窗和幕墙应被视为关键组件。

减少外门窗、幕墙设计能耗可以从以下几个方面着手：

第一，应对窗墙面积比进行严格控制，避免过多使用飘窗。结合地域、朝向、房间功能等因素，需要综合权衡建筑的采光、通风和冬季的被动采暖需求，以确定合适的窗墙面积比。例如，北面的窗户，在确保满足室内采光和自然通风的标准下，应适当缩小窗墙面积比，并提高其传热阻，以降低冬季的热损失。南面的窗户，在选择合适的玻璃和采取措施减少热耗的基础上，可以适当增大窗墙面积比，以利于冬季的日照采暖。应避免随意设置落地窗、飘窗、多角窗或低窗台。

第二，选择具有出色热工和气密性能的窗户至关重要。窗户的热工性能主要取决于其型材和玻璃，常见的型材包括断桥隔热铝合金、PVC 塑料和铝木复合型材。而玻璃的选择有普通中空玻璃、Low-E 玻璃、真空玻璃等。需要注意的是，Low-E 中空玻璃可能会对冬季的日照采暖产生影响。

第三，合理设计建筑的遮阳。通过遮阳，可以有效减少太阳辐射，降低眩光，提高室内的热舒适度和视觉舒适度，减少制冷的能耗。在夏热冬冷的地区，南、东、西面的窗户都应进行遮阳设计。

遮阳技术在建筑中已有长久的历史，形式各异。在夏热冬冷的地区，传统建筑常使用如藤蔓植物、深凹窗、外廊、阳台、挑檐和遮阳板等遮阳手段。外部遮阳是建筑遮阳设计的首选，其隔热效果明显优于内部遮阳。固定式的建筑遮阳元素，如传统民居中常见的外挑屋檐和檐廊，可以结合现代的计算机模拟技术，确保在冬季能够充分利用日照，在夏季则能有效地遮阳隔热。活动式的外部遮阳设备在夏季具有出色的隔热效果，冬季则可以根据需要进行调整，满足冬季的日照和夏季的遮阳需求。

第五节　夏热冬暖地区的绿色建筑设计

一、夏热冬暖地区的定义及气候特征

夏热冬暖地区是指我国最冷月平均温度大于 10℃，最热月平均温度满足 25 ～ 29℃，日平均温度 ≥ 25℃ 的天数为 100 ～ 200 天的地区。该地区的气候特征：长夏无冬，温高湿重，气温年较差和日较差均小；雨量丰沛，多热带风暴和台风袭击，易有大风暴雨天气；太阳高度角大，日照较小，太阳辐射强烈。

二、夏热冬暖地区绿色建筑设计的思路

（一）被动技术与主动技术相结合的思路

技术选择在绿色建筑设计中起到决定性的作用，绿色技术主要分为主动和被动两大类。在确保人们舒适的基础上，被动技术旨在最大限度

地减少能源设备的装机容量，它主要依赖自然资源和条件，用于补充主动技术的不足或提高其效率，这是整个建筑设计思路中的整合过程。针对夏热冬暖地区的特点和挑战，绿色建筑设计应结合被动技术和主动技术。

结合被动技术和主动技术的绿色建筑设计理念重视高温高湿的气候特性和各种建筑风格。在建筑的平面设计、空间形态和围护结构等各个设计阶段，应采用适当的建筑节能技术措施，以提高建筑的能源效率并降低能源消耗。主动技术有助于减少建筑的能耗，但更为重要的是根据实际情况选择合适的主动技术，而不是简单地堆砌各种绿色技术和设备。

（二）创造绿色的美学艺术

通过精心的绿色建筑设计，可以创造出反映湿热气候特点的建筑美学效果。设计时不应追求奇特的建筑形态和美学效果，而应避免受到"新颖、独特"视觉刺激的干扰，使绿色建筑设计回归与环境和谐的根本。通过改变人们的生活习惯和思维方式，减少对自然的不合理需求，实现人与自然、人与人、人与社会之间的和谐共存。

三、夏热冬暖地区绿色建筑设计的技术策略

（一）绿色建筑设计技术策略的选择

1.学习传统建筑的绿色技术

夏热冬暖地区有千年以上的建筑历史，古人在建筑如何适应气候上体现了极大的智慧。当代建筑类型、形态与材料构造的发展，使得很多过去的策略与技术难以直接运用，因此，如何借鉴传统绿色技术并将其转化为现代建筑语汇至关重要，如表6-4所示。

表6-4　传统建筑中值得借鉴的绿色建筑技术策略

类别	技术	作用
建筑空间形态	借鉴冷巷、骑楼的空间组织，产生自身阴影，使建筑之间的庭院或巷道形成"阴凉"的区域，这些阴凉区域同时为人们提供了舒适的开放空间	增加自然通风
建筑单体造型	借鉴风兜等造型方式有效组织自然通风；可以考虑学习传统建筑窗框、门边均用石材收边处理的方法进行防潮；借助于这些技术手段形成相应的造型特色	增加自然通风 加强防御加固 形成有地域特色的造型
建筑材料构造	在现有生产条件允许的情况下，可以使用一定量的传统、当地建筑材料	形成微气候调节 富有传统文化特色

2.采用适宜的绿色建筑设计技术

夏热冬暖地区绿色建筑设计所选择的技术策略应是适应性、整体性的，而且具有极强的操作性。既能学习、借鉴与提升传统建筑中有价值的绿色技术，又能利用当代发展的绿色建筑模拟工具，并有针对性地选择先进设备，如表 6-5 所示。

表6-5　夏热冬暖地区绿色建筑设计技术策略

	推荐采用	应采用，但应慎重审核	不推荐采用
被动技术	利用建筑布局加强自然通风与自然采光，避免太阳的直接照射		
	利用建筑形体形成自遮阳体系，充分利用建筑相互关系和建筑自身构件来产生阴影，减少屋顶和墙面的热，可将主要的采光窗置于阴影之中形成自遮阳洞口		
	建筑表皮采用综合的遮阳技术，根据建筑的朝向来合理设计		

续　表

	推荐采用	应采用，但应慎重审核	不推荐采用
被动技术	在建筑群体、单体及构件里形成有效、合理的自然通风		
	在建筑单体与周边环境里引入绿色植物		
主动技术	合理的空调优化技术：应根据建筑类型考虑空调使用的必要性与合理性，并理性选择空调的类型	可再生能源使用	双层玻璃幕墙技术
	雨水、中水等综合水系统管理		
	设置能源审计监测设备		

（二）被动技术策略

1. 建筑的总体布局

被动技术在设计初期就高度重视建筑的选址和空间配置，设计时，太阳的辐射应被充分考虑，确保在夏天和过渡季节最大化自然通风，在冬天减少冷风的入侵。为了最大化自然通风，建筑应选择一个避风的位置，并与夏季的主导风向保持一致。考虑到冬、夏两季的主导风向可能会有所不同，建筑的选址和布局需要进行细致的调整，以在防风和利用风之间找到一个平衡点。不同地域的最佳建筑朝向也会有所差异。此外，建筑的总体规划应注重创造一个舒适宜人的室外温度环境，利用专门的模拟软件，设计师可以在建筑规划阶段获得实时的反馈和指导。传统的建筑规划往往更多地从硬性指标、功能空间和景观布局等方面进行，这可能导致室外热环境的舒适度不足，而计算机辅助的绿色建筑设计方法为这一问题提供了有效的解决方案。

2.建筑外围护结构的优化

建筑围护结构充当了气候的调节器，在夏热冬暖的湿热气候中，建筑的外围护结构与温带气候中那种"封闭式表皮"有所不同，为了实现自然通风，建筑的立面设计了适当的开口，并结合精心设计的遮阳措施，以避免强烈的阳光直射，确保雨水不会渗入室内。这样的外围护结构仿佛是一层有生命的、能够呼吸和自我调整的皮肤。

值得强调的是，在夏热冬暖地区，建筑的窗墙面积比应受到严格控制，过大的窗户面积会导致更多的太阳辐射进入室内，影响室内的温度舒适度。

3.不同朝向及部位的遮阳措施

在夏热冬暖地区，墙壁、窗户和屋顶是建筑吸热的主要部分，由于该地区的年降雨量大、雨季持续时间长且雨量丰富，因此屋顶上的绿色植被遮阳措施具有得天独厚的条件。通过对屋顶进行遮阳处理，可以减少太阳的辐射热，降低屋顶温度，进而减少对室内温度的不良影响。当前使用的绿化屋顶具有遮阳隔热的功能，还可以通过植物的光合作用吸收或转化部分太阳能。

建筑的各个围护部分都可以通过特定的遮阳设计，利用材料与阳光形成某种角度，阻挡阳光直接透过玻璃进入室内，避免阳光过度照射和加热建筑结构。遮阳还能够减少阳光直射造成的强烈眩光和室内温度过高。正因为遮阳在夏热冬暖地区起到了如此关键的作用，所以夏热冬暖地区的建筑常常展现出与之相应的美学特点。适中的窗户大小、错落有致的遮阳板、丰富多变的光影效果等，都是气候特性赋予夏热冬暖地区建筑的独特风貌和生动表情。

在夏热冬暖地区，建筑的遮阳策略与其他地方有所区别，对于南向的窗户，有必要实施遮阳。由于不同纬度地区的太阳高度角有所不同，南向的窗户可以选择水平或综合式的遮阳措施，遮阳板的大小需要根据建筑所在的地理位置、太阳在遮阳时的高度角和方位角等因素进行精确计算。对于夏热冬暖地区的东西向窗户，当太阳的高度角较低时，水平遮阳很难有效地阻挡阳光，此时更适合采用垂直遮阳。考虑到夏季主导的东南风，垂直遮阳能有效地将风引入室内。东、西立面的可调节遮阳设计使得太阳光的强度和视野可以灵活地进行选择和调整。随着技术的不断发展和智能化的广泛应用，建筑遮阳将配备先进的智能控制系统，使遮阳构件的可调性得到增强，操作更为简便，实现最佳的节能效果。

4.组织有效的自然通风

在建筑群的总体规划和单体建筑的设计中，应考虑功能需求和湿热气候的特点，优化建筑的外部环境，包括冬季的防风措施、夏季和过渡季节的自然通风促进，以及夏季的室外热岛效应控制。另外，需要合理地确定建筑的朝向、平面设计、空间布局、外观设计、建筑之间的距离、楼层高度，并对周围环境进行绿化，以改善建筑的微气候环境。

第七章　新时代绿色建筑设计的创新对策

第一节　绿色建筑设计的前期策划

一、建筑设计与前期策划咨询的联系

当今城市化发展成为经济发展的有力手段，并为建筑行业提供了更多的发展空间，而建筑业影响着社会多个行业，更是为群众供给了充足的就业岗位。然而，在这种相互促进的发展中，暴露出了许多问题，为了解决这些问题，国家从战略层面提出了可持续发展的方针，进一步推动绿色建筑的完善和发展，建筑设计必须与时俱进，适应这一新的发展趋势。

在这样的背景下，前期策划咨询业应运而生。前期策划咨询关乎工程的初步决策，并对工程的总体方向产生深远的影响。更重要的是，它与工程后期的社会和经济效益紧密相关，这凸显了前期策划咨询的重要性。设计师需要深入探究前期策划咨询单位的报告内容，确保项目的成果能够满足策划的预期，减少整个工程的资源消耗，确保项目的可持续性。

二、前期策划咨询内容与作用

（一）前期策划咨询的内容

一是在投资项目取得土地之前，通常会进行一系列的可行性研究，包括对地块的初步调查、评估其整体价值的可能性、探讨项目的投资机会、规划企业的入驻策略以及长期发展计划、与投资决策相关的内容。

二是当投资项目成功取得土地后，会进行绿色建筑项目的可行性研究。这一阶段的研究更为深入，通过对地块的详细分析和考虑现有条件与未来发展计划，可以得出初步的建筑设计方案的价值评估，为后续的设计方向提供明确的指导。

三是在资金管理的前期阶段，还需要进行专门的咨询服务，重点研究项目的资金流动、内部收益率（IRR）等关键数值，这些数据对于评估企业的盈利能力和风险承担具有至关重要的作用。

（二）前期策划咨询的作用

第一，前期策划咨询的核心目的是为开发商或政府部门提供具有指导价值的专业建议，这些建议将成为项目决策的关键参考，而咨询单位的专业能力直接决定了项目的决策质量。高水平的咨询服务能够确保项目的顺利和高效执行，低水平的服务则可能导致项目中出现严重的问题，进而影响整个工程的进展。咨询过程中的实时监控功能可以及时发现并纠正问题，确保项目的科学性和合理性。

第二，绿色建筑项目的设计和实施涉及大量的资金投入。项目的造价和成本管理是工程成功的关键因素，前期策划咨询在其研究中会对绿色建筑项目的经济价值进行深入评估，考虑项目周边的各种变数，为项目提供相对准确的价值预测。专业的资产评估师可以对项目的预期回报、建设成本、初期土地获取费用和其他相关费用进行详细计算，确保绿色建筑方案在成本和经济效益上达到最佳平衡，这种综合的成本和收益分析确保了项目方案和决策的准确性。前期策划咨询的另一个关键目标是对项目价值进行后期审核，通过对多个竞争项目的分析和比较，以及对预期效益的深入讨论，可以评估项目实施后是否实现了预期目标，及其对社会的影响。对于项目中的任何不足，都应进行总结和反思，以便吸取经验和教训。

三、前期策划咨询对绿色建筑项目的必要性

第一，随着环境污染的日益严重，国家强烈倡导科学与可持续的发展理念。建筑业，作为国家经济的重要支柱，有责任和义务积极落实这一发展策略，确保其行为与可持续发展原则相一致。前期策划咨询作为一个有效的工具，为建筑业提供了实现可持续发展的路径，在工程建设中，充分利用资源、注重环境保护并强调节约和环保已经成为当务之急。前期策划咨询为项目提供了初步的规划和预测，确保建设活动不是盲目的，而是能够充分利用行业的优势，实现建筑业的可持续发展目标。

第二，前期策划咨询的价值在于其能够在项目初期及时识别规划中的不足之处，为项目提供全面的评估，并深入探讨潜在问题。在项目的早期阶段，有足够的时间进行方案的调整或提出有效的解决策略。考虑到建筑项目通常涉及大量的资金投入，合理地利用资源和资金、降低工程成本显得尤为重要，这正是前期策划咨询的核心作用，它可以对整个项目进行有效的管理和控制，确保资源的合理使用，减少浪费，并推动绿色建筑项目的健康发展。

第三，前期策划咨询融合了多领域的专业知识和实践经验，它在工程建设的设计和施工阶段发挥着至关重要的作用。通过前期策划咨询，可以对项目的初步规划进行科学和合理的验证，并且有助于对工程的成本和收益进行精确核算，进而预测项目的经济效益。对于那些从事这一领域的专业人士，他们需要具备广泛的知识和高度的处理问题的能力，以确保前期策划能够有效地指导整个项目。

第四，建筑业已经成为推动国民经济增长的关键因素，在某些地区，大量的建设项目是由政府投资实施的，对于这种政府型的客户，应确保前期策划咨询与政府的城市规划方向保持一致，这有助于进一步促进经济的增长。

第五，在全球经济一体化的背景下，建筑业的发展也需要从国内市场扩展到国际市场，使中国的建筑行业与国际标准接轨。对于涉及跨国的工程建设，前期策划咨询的服务质量要求更为严格，每一个环节都需要进行细致的考虑，以确保能够准确预测项目的社会和经济效益，为后续的投资规划提供坚实的基础。

四、前期策划咨询对绿色建筑项目的迫切性

如果没有进行前期策划咨询，建筑项目可能会面临巨大的投资、资源的严重浪费、难以确保的环保和质量标准等问题，这可能导致项目的回报率极低。进行前期策划咨询能够为绿色建筑项目提供全面的预览，预测并处理实施过程中可能出现的问题。只有在项目前期进行了充分的准备，才能确保后续的工程能够按照预定的方向顺利进行。

第二节 绿色建筑方案设计中的重点

一、绿色建筑施工图设计要点

随着我国城市化进程的加速，建筑行业经历了一系列的变革和优化。尤其是在可持续发展的理念日益深入人心的当下，社会对环境保护的关注度也随之上升。建筑项目在实施过程中对其周边生态环境的影响不容忽视。绿色建筑，作为现代建筑设计的一种创新理念，为建筑行业的发展提供了新的方向。如何在建筑设计中融入绿色元素，使其更加环保和

可持续，已成为设计师们关注的焦点。

（一）对绿色建筑进行详细分析

绿色建筑的核心理念是在整个建筑生命周期中，从设计、施工到使用，都能体现对环境的节约和保护，这是在节能和材料使用上的体现，更是在对生态环境的全面保护、减少各种污染，以及提高空间利用效率等方面的综合考量。绿色建筑强调人与自然的和谐共生，旨在创造一个更加舒适、健康的生活环境。在我国，许多城市已经将绿色建筑的标准纳入地方性的总体规划中，对各种详细规划进行了综合性的管理和控制，包括对建筑的专项规划，以及建设性规划的综合分析。当前，众多城市在积极推进绿色建筑的实践工作，努力实现建筑与环境的和谐共生。

绿色建筑是建筑概念，更是一种对未来生活方式的思考和追求，在建筑的每一个环节，都需要考虑到对环境的影响和对资源的合理利用。这种建筑方式能够为人们提供一个舒适和健康的居住环境，为整个社会带来长远的经济和社会效益。随着技术的进步和人们环保意识的提高，绿色建筑将会成为未来建筑行业的主流，为实现可持续发展的目标做出重要贡献。

（二）对施工图的综合设计要点分析

1. 对我国已经发布的各类绿色建筑相关策略予以有效的明确

绿色建筑在其实施过程中，相关的政策和策略为其施工图纸的制定提供了关键的指导，这些政策可以确保施工图纸的规范性和科学性，为设计师在建筑过程中提供明确的方向。为了确保建筑的质量和绿色标准，设计师需要深入研究我国发布的绿色建筑政策，特别是关于房屋建筑、市政基础设施以及工程施工图设计文件的审查管理办法等关键文件。

除此之外，设计师还应主动探索并熟悉其所在地区的绿色建筑政策和规定，保证整个建筑项目可以更好地依据相关政策进行，确保建筑的完整性和高效性在实施过程中得到显著提升。

2. 对绿色化设计专篇进行有效的完善

在绿色建筑施工图纸的制定中，经常会包含如节能设计、节水、节材和节地设计等多个专题。对于每一个专题，施工图纸的设计师都需确保内容的完整性和深入性。以建筑节能设计为例，设计师需要详细地考察和明确保温材料的导热系数和干密度等关键指标，并深入研究外保温材料的燃烧性能等级。

在实际的设计过程中，仅在节能计算部分标注相关内容是不够的，还需在整体设计图中进行详细注释。例如，屋面和外墙的防火隔离带位置、节能性能的变化等都应清晰标注；门框的材料选择、外窗的可开启面积，以及整体门的开启方式（是否为封闭或开放空间）都应明确；传热系数和其他关键参数也应被详细列出。为了确保建筑的节能效果，还需为节能节点制定详细的构造图。

3. 对建筑计算报告书进行有效的规范

在建筑施工图纸的制定中，对保温材料的计算厚度取值需要按照规定和标准进行。对于民用建筑，其设计应严格遵循民用建筑施工设计的相关规定。保温材料的导热系数和修正系数的填写必须准确，并与国家和审计标准保持一致。在高层建筑图纸设计中，分户墙、非采暖隔墙和采暖隔墙通常会被纳入内墙建筑材料的计算，但在实际操作中，如果部分墙体部分由混凝土构成，那么按照常规计算方法可能会导致与实际图纸不符的情况。因此，计算书的制定应尽量详细，以避免遗漏。

4. 对建筑的自然通风问题进行详细的分析

在绿色建筑施工图纸的设计中，设计师需确保外窗的可开启面积至少满足公共建筑节能标准中 30% 的要求。对于透明幕墙，其可开启部分应清晰标注，并对通风换气设备进行详细描述。在整个设计过程中，建筑的自然通风设计应得到充分的重视，确保所有相关数据被明确标注，避免使用模糊或笼统的描述，确保建筑的通风效果和节能性能达到最佳。

二、绿色建筑电气设计要点

随着我国经济的飞速增长，建筑业也应声而起，这一崛起为人们的日常生活提供了便利，却对环境施加了巨大压力。环境保护已经成为全球的焦点，为绿色建筑提供了良好的发展机会，但是要真正实现绿色建筑，仍需跨越许多障碍并优化相关技术。在可持续发展观念日益深入人心的今天，绿色建筑的优势逐渐显现，而在绿色建筑施工中，如何完善电气设计成为建筑行业亟须解决的课题。

（一）绿色建筑电气设计的原则

在进行绿色建筑的电气设计时，必须根据具体的建筑特点，严格按照电气设计的相关规范，确保设计的科学性和合理性。电气设计应强调绿色建筑的实用性，结合实际使用需求，对各项指标进行严格控制，全面考虑各种因素，以实现经济效益和使用效果的最佳平衡。考虑到我国的特殊国情，电气设计既要满足基本功能，又要顺应建筑业的发展趋势，融入节能设计理念，并对相关设计细节进行优化，确保电气设计的系统完整性。在遵循设计原则的基础上，电气设计应努力满足设计要求，以实现预期的设计效果。

1. 坚持节约性原则

在建筑业的施工实践中，能源消耗往往是一个不可忽视的问题，这导致了资源的过度使用和浪费。为此，当进行建筑设计时，应秉持绿色建筑的理念，以资源节约为核心目标。例如，减少电能在传递和设备运行中的损失，提高电能的使用效率，确保其实用性。设计师在开始设计之前，应对建筑所在的地理和气候条件进行深入的研究，根据当地的具体情况制定合适的设计策略。在广泛的范围内，应融入节能和环保的功能，完成整体的电气设计，并采用太阳能等可再生能源。

2.坚持经济性原则

电气设计会影响建筑的整体使用和舒适度，还会对后期的维护管理产生影响，所以舒适性在设计中是不可或缺的。实际上，由于多种因素的作用，实际施工成本经常超出预期设计成本，这就要求在设计和施工过程中，必须坚守经济效益的原则。在确保不牺牲建筑整体效果的前提下，尽量减少经济成本，最大化资源的效益，提高资源的利用效率，并确保绿色建筑的节能设计合理性得到充分体现。

（二）绿色建筑电气设计的任务和要点分析

1.绿色建筑电气设计的任务分析

在绿色建筑电气设计中，首要任务是进行核心点的分析，确保设计的关键性和实际应用价值。鉴于建筑在当今社会的核心地位，电气设计应以确保居住者和使用者的健康与安全为首要目标。在详细的设计流程中，融入绿色和节能的设计思维，确保建筑内部环境的宜居性和功能性。选择电气设备时，应偏向于选择节能和高效的材料和设备，以减少电能的消耗，降低设备的长期运营成本。在施工阶段，强化对电气设备的管理，深入推进节能运营的管理策略，以资源节约为核心，旨在使用绿色建筑的同时，也能有效地控制成本，真正按照电气设计的节能目标，实现资源的最优利用。

2.绿色建筑电气设计的要点分析

在绿色建筑电气设计领域，照明设备的规划尤为关键，设计时需深入挖掘每一个细节，并确保按照相关标准精确选择功率，旨在满足照明效果的前提下，达到绿色建筑的标准。对于灯具的选择，应高度关注其在光效和能耗上的表现，确保灯具的高效使用，同时最大限度地减少其对电能的消耗。在室内区域，如走廊、接待大厅或门厅的照明控制上，可以考虑采用分区控制、定时控制或感应控制等节能手段，既满足使用者的实际需求，又能有效地降低电能消耗。

除了对照明设备的精心选择，供电和配电系统的规划也应受到足够的关注。在具体的设计阶段，可以根据用户的实际电力需求来规划供配电系统，但值得强调的是，设计过程中必须始终坚守安全和可靠的标准，科学地选择电缆，确保电缆的截面大小合适。这样做不仅可以确保电力的安全供应，还能在经济和环保方面取得平衡，进而减少供电路径中的电能损失，完全符合绿色建筑的电气设计要求。

在这一设计过程中，现代技术手段的应用也不容忽视，充分利用那些环保、无污染的清洁能源，可以显著地减少对传统化石能源的依赖，进一步推进绿色建筑的理念。

三、绿色建筑生态技术要点

在全球范围内，包括中国在内的建筑行业正在经历一场绿色革命，绿色建筑成为推动行业朝着节能和减少资源损耗方向发展的关键趋势。在这种背景下，应积极采用生态技术来进行绿色建筑的设计和施工，特别是在使用可循环、环保的材料的基础上，依据生态技术的原则进行设计和建造，将为人类在建筑领域节省大量资源。可以说，强化对生态技术的研究和改进，有助于减轻人们在居住环境中面临的压力。

（一）生态技术概述

1. 生态技术的特征

生态技术是指那些能够满足现代社会人们日常生活需求的生产形式和技术措施，它们能够实现资源的节约、能源的合理利用，同时保护环境。与工程领域中的清洁能源技术、环保技术相比，生态技术具有更广泛的应用性，能够简化运用流程，不受其他因素的限制或影响。在生态技术发展过程中，它以生态学原理和社会经济规律为基础，通过运用多元化的可再生能源技术，辅以电子、生物等先进技术，将各类低能耗、可再生的技术措施应用于建筑领域，从而创造出多种类型的网络体系，这些体系能够满足多元化的需求，并广泛应用于各个领域。

2. 新型技术与发展

近年来，随着我国生态环境污染的加剧，人们对环境保护的意识逐渐增强，形成了一套完整的生态环保理念，并对各个领域的环保状况进行严格监督。在建筑领域，节约资源、合理利用能源、保护环境和资源等已经成为经济和社会发展的基本要求。在国家倡导节能减排、低碳生活的背景下，建筑领域开始制定各种规划，以建设环境友好型工程为目标，积极运用新能源技术，研究如何将这些材料有效地应用于工程中，并提出了增强技术应用效果的方法和措施，以期在一定程度上减少能源浪费，实现可持续发展的目标。

（二）生态技术在绿色建筑中的应用

第一，新能源技术的应用。近年来，广州的珠江城大厦因其环保和节能的特性而受到国内外媒体的关注，该建筑主要采用风能、太阳能和全球气候能源技术，这些技术在实际应用中展现出良好的节能和环保效果，实现了有机和精密的整合，通过太阳能和风能发电，有效地进行资源开发和生产。在新型能源的支持下，多数国家开始重视这些技术的应用，可见珠江城大厦在建筑工程的节能和环保方面做出了积极的贡献，既增强了环保效果，又提升了节能技术的有效性和可靠性。

第二，墨尔本市政大厅和办公中心的建筑。这些建筑在应用生态技术的过程中进行了一系列创新，采用了先进的设计理念。根据窗户采光的特点，设计了随着建筑高度的升高而减少窗户数量的开窗形式，同时在建筑中设计了阳台绿植，既满足采光需求，又防止过多阳光带来的辐射。在工程的东部立面区域，主要使用了穿孔金属板材料，与西面立面相同，整个建筑形成了能够"呼吸"的外观。通过穿孔金属板实现自然通风，形成良好的空气流动条件。受到塔内部较冷的水蒸气的影响，实现降温，然后空气进入各楼层的送风管道，为室内提供凉爽的空气，热水分返回冷冻的水板，经过冷却后重新实现循环利用。

第三节　多工种协同工作的绿色建筑设计方法

一、施工准备阶段的协调配合工作

在施工准备阶段，安装技术人员需与负责土建和装修工程的同人一同搜集、整理施工现场的相关资料，共同为建筑施工的设计工作做好充分的准备。在常规情况下，安装单位、土建单位和装修单位通常各自独立运作，彼此间的交流与合作较为有限，这不利于各个分项工程之间的协调与合作。为了解决这一问题，筹建单位应当将各个分项工程的施工单位有效地组织在一起，强化彼此间的沟通与协作，确保各方能够齐心协力，通力合作。各个分项工程的施工单位也应当以认真负责的态度，加强相互之间的沟通与协作，从而避免工程变更、返修等不利情况的发生。

在这一阶段，筹建单位有责任建立一套切实可行的管理体系，以便负责协调各个分项工程之间的合作与协作，并指派专人负责这一任务。为了达到协调与合作的目的，负责人需全面了解各项工程的具体内容，科学地设计施工组织，并在施工现场对各项工程的施工程序与时间进行严格的监督与管理，及时调整各项工作的分配，确保各个部门之间的协作更为紧密与顺畅。

二、施工设计阶段的协调配合工作

在建筑施工设计阶段，安装单位、土建单位和装修单位需要分别完成各自的施工图纸设计，并共同参与对各分项工程的设计图纸进行会审，以检查图纸之间是否存在冲突、设计不当等问题。若发现安装工程的图纸与土建工程或装修工程的设计图纸存在冲突，相关的工作人员应当共同商议，选择最优的施工方案，力求将冲突有效解决，达成一致的建筑施工设计意见，从而确保安装工程的合理性与科学性。

在建筑施工过程中，安装人员需要及时、准确地掌握土建工程和装修工程的施工进度，如果条件允许，安装技术人员应当深入土建、装修设计单位，准确了解其施工计划，并掌握各项施工工作的具体安排，以便对施工进度有清晰的了解。安装技术人员还需要充分掌握梁、柱与安装工程之间的关系，这样才能更好地利用土建工程的成果，顺利完成安装工作，确保排水工程的使用性能和质量达到预期标准。

三、基础施工阶段的协调配合工作

在基础施工阶段，安装工程的重心主要是强弱电进户线路保护管道的预留孔洞和管道的建设。这一工作通常需要在土建防水工程施工之前完成，以防止安装工程对防水设施造成破坏，进而影响建筑的防水效果。在设施预留孔洞和管道施工前，工作人员需仔细核对实际情况与设计图纸是否一致，并严格按照设计图纸的要求进行施工。若发现不符合的地方，应及时与土建施工人员沟通，以便问题能够得到及时解决。安装技术人员还需特别关注一些关键位置，如地下室、基础墙体等防水要求较高的地方。在这些位置进行施工时，必须确保进户线路的刚性，避免影响后续防水工程的施工。

除了上述内容外，强弱电、电水管道电位的连接，以及防雷接地设备的安装也是安装工程中需要重点关注的问题。目前，建筑市场上普遍采用建筑物基础钢筋作为接地设备，这种做法既方便又有效。如果建筑采用的是独立柱基础，可以在柱基础外包裹一圈热镀锌扁钢作为接地设备，并利用柱内的钢筋作为引上线，从而充分利用柱基础所提供的资源。

四、主体结构施工阶段的协调配合工作

在建筑主体结构施工的过程中，安装与土建和装修工程之间的协调配合工作尤为关键，它直接影响建筑整体的施工质量。在这一阶段，建筑安装工作主要是根据混凝土浇筑的进度来进行的，需要按照浇筑的进度逐层逐段地实施和完成，这使安装与土建工程之间的联系变得更加紧密，协调配合的工作也变得更为重要，对此，相关的施工单位需要提高对此的重视程度，加强控制与管理。

为了提高安装与土建施工之间的协调配合效率和质量，以下是一些总结的建议：

（1）现浇筑混凝土板内的配管直径不应超过板厚的 50%，并尽量避免弯曲。如果配管直径需要弯曲，那么弯曲半径就必须大于管径的 10 倍。

（2）在装修工程中，相关的管道和盒子必须安装牢固，并注意其安装位置。例如，结构梁内的配管应该敷设在梁的上半部分，禁止敷设在梁的底部。

（3）在浇筑混凝土的过程中，安装技术人员应在施工现场进行检查和监督，以防止混凝土振捣破坏预留的孔洞和管道，防止配管和灯盒头受损。如果在浇筑过程中出现了上述情况，土建施工人员必须及时进行修复，以免影响安装工程的正常运行。

（4）注意各层的避雷引下线焊接工作。由于在建筑工程中经常利用柱基础结构中的钢筋作为避雷引上线，因此需要逐层将各柱内的钢筋进行焊接，将建筑结构内的避雷线连接成一个整体。为了保证避雷线焊接工作的正常进行，土建施工人员应按照设计图纸在各层主筋的两个钢筋处用红线标记，以便安装人员进行避雷设施的安装工作。完成柱内避雷线焊接工作后，应将顶层的避雷线连接到女儿墙、屋面、挑檐等避雷网，从而形成一个完整的避雷网。

（5）在室内填充墙砌筑之前，安装技术人员应将线管试穿一遍，发现问题应立即做出调整。在墙体砌筑的过程中，安装技术人员应按照设计图纸在墙体上清楚标注预留管线和配电箱体的孔洞位置，施工人员则可按照标记的位置进行施工，并保证预留孔洞位置的精确性。在孔洞预留的过程中，如果与煤气管道等发生冲突，可以灵活做出调整，但施工人员应与安装技术人员商议后再决定。

五、装饰装修阶段的协调配合工作

在建筑主体结构工程完工之后，安装技术人员需立即核对石墙内弹出的水平线是否与设计图纸一致。确认无误后，依据水平线确定电源盒、灯具、配电箱等的位置和标高线位置，随后进行试穿，确保通畅无阻后，用纸团暂时封堵，为室内装修工程做好准备。

（一）与业主协调配合，交付完美工程

项目部与业主之间的关系基于合同，项目部需按照合同或协议的约定，对业主负责。接到业主的指令后，项目部应立即组织人员执行指令，满足业主的需求。

（1）项目经理部的全体成员需树立"业主即顾客"的服务理念，将工期目标和工程质量目标视为核心，致力于打造一流的建筑产品，以满足业主的期望。

（2）项目部需从工程的整体角度出发，认真履行合同条款中规定的义务，积极主动地为业主提供服务，接受业主的领导，执行业主的各项指令和决策，解决工程实施过程中遇到的问题。协助业主处理与设计、政府监督部门、政府职能部门等的联系和沟通工作。科学、合理地组织工程施工，完成业主的各项任务，实现业主要求的项目目标。

（3）定期核实项目建设的施工范围是否与签订的合同和图纸一致，如发现不符，应及时查找原因，并请业主或监理进行核实和签证。

（4）加强与业主的沟通，征询业主对工程施工的意见，对业主提出的问题予以答复和处理，不断改进工作方式。尊重业主的指令，并及时回复，确保按时完成任务。

（5）根据业主的建设意图，发挥技术优势，从业主的角度出发，从工程的使用功能、设计的合理性等方面考虑问题，积极提出合理化建议。

（6）每月、每周、每日由精装修向总包提供工程报告，由总包统一汇总并报告各项进度计划。

（7）根据合同要求，科学合理地组织施工，统一协调、管理、解决工程中存在的各种问题，确保业主放心。

（8）竣工后，提供优质的服务，包括回访和保修，认真履行承包合同的各项条款。

（二）与监理单位的协调配合，工程质量精益求精

监理单位与经理部的关系是基于监理规程以及国家和地方的相关法律法规，形成的监理与被监理的关系。在工程开工前，监理单位应向项目部进行监理交底，制定监理规划并下发给项目部。监理单位需根据业主的委托，以客观、公正的态度对工程进行监理。项目部需从以下几个方面配合监理单位的工作：

（1）为监理单位在项目现场提供良好的工作环境，确保其能顺利进行工作。

（2）在开工前，将正式的施工组织设计或施工方案及施工进度计划提交给监理工程师审定。书面报告施工准备情况，待监理认可后方可开工。

（3）严格遵守监理规程的要求，及时全面地提供工程验收检查、物资选择和进场验收、分包选择等书面资料，使监理单位能够及时充分了解工程的进展，实施全面有效的监理。

（4）将材料的进场情况报告给监理，并附上年检合格证明或检测报告。

（5）对于需要见证取样的材料，现场取样送检时需有监理或业主代表在场见证。

（6）若监理对某些工程质量有疑问，要求复测时，项目部应积极配合，并为检测仪器的使用提供便利。

（7）及时向监理提交工程质量检验资料及相关的材质试验、材质证明文件。现场验收申请、审批资料的提交应提前进行，以便监理有足够的时间进行正常的验收和审批。

（8）对监理提出的现场问题，应及时进行整改，防止同类问题的再次发生。要求所有员工，包括承包、分包单位的人员，尊重监理人员，积极配合监理的工作，响应监理的指示和要求。

（9）若发现质量事故，应立即报告监理和业主，并严格按照设计、监理或业主审批的方案进行处理。

（10）工程完工后，经过认真的自检，向监理工程师提交验收申请。待监理工程师复验认可后，再报告业主，组织正式的竣工验收。

（三）与装饰设计单位积极配合

建筑师的职责包括代表业主，对承包工作范围内的设计任务进行专业的指导和监督，确保承包单位具有足够的深化设计能力和协调配合能力。具有丰富施工经验的承包商应能够预见并控制设计对施工的影响。业主方负责提供政府主管部门审批的建设工程建筑图纸，而满足现场实际需要的装修施工详图则由承包方负责自行绘制和完善。承包方需根据合同的要求，将所有设计提交给建筑师或业主审批，但获得批准并不意味着承包方的设计责任得以免除或减轻。若因业主方发出的局部变更指令而需要变更施工设计，承包方应负责完善相关的设计变更。

在建筑师负责制下，承包商必须做到以下要求的内容：

第一，深化设计图纸，主要方案，材料报审、施工样板等办好审批必须由建筑师审批同意后，承包商才能订货施工。其流程如图7-1所示。

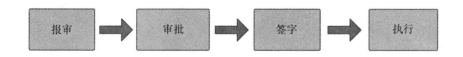

图 7-1　与装饰设计单位积极配合流程图

第二，由于建筑师承担全职责任，业主的角色主要是配合与协调，因此承包商必须与建筑师保持良好的施工配合和协调关系。

项目部在合同、设计图纸和规范的要求下，并在监理的监督下，将设计蓝图转化为施工深化图纸，项目技术管理部负责协调和处理与设计单位的各项工作关系。在工程建设过程中，项目部与设计单位的关系主要包括以下几个方面：

（1）施工前，项目部组织相关技术人员对施工图纸进行详细的会审，提出图纸中存在的问题，并由建筑师进行设计交底，解答图纸中的疑问，接受建筑师的修改建议和意见。

（2）项目部根据施工总进度计划向设计单位提出施工图需求计划，设计单位尽最大可能满足项目部的要求，以保证工程的顺利进度。

（3）项目部在工程实施中遇到的与设计相关的问题，应及时向设计单位汇报，并征求设计意见，及时汇报各专业设计上存在的或可能存在的矛盾情况，协助设计单位解决各专业设计中的冲突，以减少或消除设计上的矛盾，满足工程的实用需求。

（4）项目部应严格审核深化设计图纸，并报送建筑师批准，以贯彻设计意图，保证设计图纸的质量。

（5）项目部应严格执行设计图纸的要求，按图施工，未经设计变更或工程洽商，任何人无权改动施工图纸，未经设计单位批准的图纸不得使用。

（6）在与设计单位的合作中，项目部应在开工前预先考虑好可能发生的设计变更等情况，并制定相应的应急措施或方案。遇有设计变更，项目部应及时调整工程进度计划，并协调分包单位的工作。

（7）在设计交底和图纸会审的过程中，主动与设计单位进行沟通，强化设计与施工的技术协调工作。

（8）及时邀请设计人员对工程进行指导，解决分包单位存在的疑问或问题。提前掌握设计意图，明确质量要求，将图纸上存在的问题和错误，以及专业之间的矛盾等问题，在工程开工前尽可能解决，包括对施工设计图的不理解，不清楚的地方提出建议。在得到业主、监理、设计单位的确认后，及时下发工程设计变更或工程洽商文件，不擅自修改施工图纸；在施工过程中，遇到问题及时与设计单位沟通、解决，将问题在施工前提出，以免造成损失。

（9）协调设计单位做好设计交底工作。及时进行设计变更的确认工作，根据工程要求配合设计单位绘制所需的施工图或大样图，并及时报设计和监理审批。

（10）协调各专业分包在施工过程中需与设计方协商解决的问题，以减少工程后期的拆改量，厘顺机电各专业的施工顺序。

（11）在深化设计过程中，积极与设计单位沟通，了解设计单位的设计理念，征询设计单位的意见，明确深化设计的思路，以确保深化设计符合设计要求。

（12）在样板间的深化设计和施工期间，及时与设计单位沟通，确定深化施工节点图的做法，多方及时认定材料样板。

（13）在正式开工施工阶段，派遣专业深化设计团队对建筑师提出的修改意见，及时调整施工图纸，以满足施工进度的需要。

（14）对于复杂的施工部位，首先制作施工节点的实物大样，经确认无误后，再进行大面积的施工。

（15）及时与设计人员沟通，确保相关工程验收工作的顺利进行。

（四）与总承包方的协调配合

1. 工期计划的协调配合

精装修计划制订后，应整合进总承包的总进度计划中，以确保总承包的进度安排得以顺利完成。

2. 施工场地的协调管理

施工场地的安排应分阶段进行动态管理。在进场施工前，需向总包提交施工及构件堆放所需的场地面积和部位等相关计划。总包则根据施工进度计划和现场的实际情况，合理安排施工场地，为各分包提供搭建材料设备仓库、设备堆放区、办公区的合理空间，并划分责任区域。临建设施的规划和布置由总包统一进行，且必须遵守总包对现场的管理规定。

（五）与其他专业分包的施工配合

1. 装饰施工与结构工程的施工配合

第一，若在混凝土施工过程中出现局部浇筑偏差较大的现象，影响装饰工程的施工质量，应立即上报承包单位，并要求其按照规范要求进行剔凿、切割等补救措施。

第二，若装饰工程进场后，部分二次结构仍在砌筑，应与承包商协商，在砌筑的同时进行预留预埋件的工作，避免事后剔凿，影响结构性能。

2. 装饰施工与机电设备安装的施工配合

（1）与强、弱电系统安装的配合。

第一，墙面管线施工、开关面板位置、标高、尺寸的预留，必须满足装饰工程墙面分格排版的要求，以避免返工。装饰单位应提前提供墙面分割排版图给相关专业施工队伍，施工完成后，组织技术人员现场核实位置的准确性。

第二，吊顶板灯具安装位置必须满足装饰工程排版要求。装饰单位应提前提供吊顶细化排版图纸给相关专业施工队伍，在安装吊顶面板时，如发现位置不正确，应及时通知相关专业人员进行调整，然后再进行吊顶面板的施工。

第三，强、弱电系统设备众多，范围广，易损坏或丢失，应采取相应措施，加强对进入工地人员的管理及对设备的成品保护。

第四，每道工序施工完成后，由装饰单位组织各专业进行会签，只有全部通过后，才能进行下一道工序的施工。

（2）与给排水工程的配合。

第一，对于管道预留、预埋以及安装阶段的各种问题，应定期组织给排水专业人员与其他专业人员召开现场调度会和协调会，通报工程进度，及时解决矛盾，增强协调力度。

第二，鉴于室内冷水管、热水管、热水回水管等的承重能力较弱，且需要保温，因此在墙面装修施工时，应对给排水管道进行成品保护，禁止踩踏，并在保温层覆盖后再进行施工。

第三，在墙、地面面层施工时，应检查洁具安装位置，确保其满足装饰工程地面、墙面砖排版要求。

（3）与消防工程的搭接配合。

第一，定期组织消防专业人员与装饰单位人员召开现场协调会，通报工程进度、解决矛盾、增强协调力度。

第二，消防烟感、喷淋头的安装位置必须满足装饰工程排版要求。装饰单位应首先提供吊顶细化排版图纸给相关专业施工队伍，若在安装吊顶面板时发现位置不正确，应及时通知相关专业进行调整，然后再进行吊顶面板的施工。

第三，对施工图纸进行会审，共同编排工程施工进度计划。

（4）与暖通空调系统安装工程的配合。

第一，通风风口的安装位置、标高应满足装饰工程墙面和顶面的排版要求。

第二，定期组织专业人员召开现场协调会，通报工程进度、解决矛盾、增强协调力度。

第三，对施工图纸进行会审，共同编排工程施工进度计划。

（5）综合布线安装工程的配合。

第一，进场后，应向总包提供装修施工进度计划，由总包协调各专业分包合理安排施工计划，尽可能地避免工序间的施工影响。

第二，在装饰工种施工中，应对顶棚、墙面、地面的各种插座、面板、设备位置进行预留，避免造成装饰工程的返工。

3. 装饰施工与幕墙安装的施工配合

（1）进场后，应与幕墙施工单位协作，提供装饰工期施工进度图，使幕墙单位清楚装饰进度的要求，以及装饰单位对幕墙安装工期的期望。

（2）在满足设计要求的基础上，积极与幕墙公司协商研究，处理幕墙与装饰工程的施工节点，确保室内装修装饰效果。

（3）在内装施工前，应采取贴保护膜、包裹等方式，保护外墙、外窗的成品，防止碰撞、污染。禁止在撕、拆保护膜时使用刀片，以防损伤幕墙材料。

（4）对于需要与幕墙产生连接关系的部分，必须经过设计、幕墙单位的认可。

（5）对施工工人进行质量教育、安全教育，增强其成品保护意识。

（6）保持与幕墙单位的沟通、协调，满足内装修管理要求。提前通知幕墙专业将外窗框固定，以免影响墙面装饰收口工作。

（7）统一控制室内外的标高，确保一致性。

六、基于BIM技术的绿色建筑协同设计

（一）绿色建筑与BIM技术

1. BIM技术

自计算机技术诞生以来，其在建筑设计领域的应用范围不断扩大，从最初的简单平面图，发展到如今的复杂三维建筑模型，涉及建筑设计

的外部空间、立面、造型等多个方面。然而，传统的设计方法无法实现设计完成后的多次应用，这一问题得到了 BIM 技术的解决。

BIM（建筑信息模型）技术的出现，确保了数字化模型设计过程中信息的流畅传递，明确了各个工作阶段的顺序进行。中国《建筑对象数字化定义》将 BIM 定义为：协助建筑信息数据的完整组织，计算机应用程序可以对其进行添加、修改或访问。美国 *National Building Information Modeling Standard, Version* 1-Part 1 : *Overview, Principles, Methodologies* 对 BIM 的定义：BIM 是建筑物或设施的物理和功能特征的数字表示，它是有关建筑物或设施信息的共享知识库。

根据上述定义，BIM 涵盖了建筑生命周期的整个过程，是一种用于管理、建造、设计的数字化方法。这种方法能够在整个建筑工程进程中减少风险，提高效率。BIM 技术的主要特点如图 7-2 所示。

图 7-2　BIM 技术的特点

2.BIM 技术在绿色建筑设计中的应用

BIM 技术可以管理建筑物的整个生命周期。BIM 技术包含拓扑、几何、物理三个方面的信息，如表 7-1 所示。

表7-1　BIM技术所包含的信息

内容	特点	含义
拓扑	反映各个组之间的相关性	建筑项目整个生命周期的所有信息是相互关联的，并通过某种相关把所有的信息整合到一个单独的建筑模型中
几何	说明了建筑处于三维空间时的特点	建筑是一个立体图形，从二维设计到基于 BIM 技术的三维设计，把建筑设计各阶段的"设计环"体现在一个单独的建筑模型中
物理	描述了各个组件的物理性质	建筑是由许多建筑材料经过一定的组合组建而成，基于不同建材的物理性质。体现了建筑的多样性和兼容性，并把这些物理性质整合到一个单独的建筑模型中

BIM 技术对整个建筑设计过程的影响本身就体现了绿色建筑，包括能源消耗分析，增加了建筑物的环境性能。BIM 技术的应用，通过数据转换以及 BIM 模型中的虚拟建筑与能耗软件分析相结合为建筑师带来了诸多益处，它可以及时准确地反映建筑能耗信息，分析建筑物整个生命周期内的能源消耗情况，为绿色建筑设计提供了一个很好的平台。

（二）各参与人员在绿色建筑设计中的协同

在进行建筑物施工之前，首先需要进行详细的建筑设计，包括制订全面的计划，解决潜在的问题，并通过图纸和文件的形式进行表达。建筑设计是一个涉及多个方面的过程，尤其在绿色建筑的设计过程中，设计师与非设计师之间的交流变得尤为重要。此外，开发商、建设者和消费者之间的沟通也不可或缺，他们需要共同协作，以实现项目的成功。

1.设计人员与非设计人员的交流

在设计师初步构思出建筑物的主要内容后，便进入了初步设计阶段。

在这一阶段，设计师在利用建筑模型进行能耗分析的同时，应当与使用者和规划部门进行充分的沟通与交流，确保各项设计工作都在各个技术工种的协商下进行，并获得相应的认可。在进行绿色建筑设计时，设计师应当充分利用现代电子计算机技术，通过模拟建筑模型和网络技术的结合，解决建筑设计中遇到的复杂问题，研究其逻辑关系和程序关系，从而实现建筑的绿色设计。

2.施工者与开发商的交流

开发商作为项目的首要承担者，应当是一个有责任心、有诚信的企业，能够对社会公众做出价值判断和行动回应。在开发商承担某个项目后，便会授权施工者进行施工。在绿色建筑设计的过程中，施工单位和开发商应当及时进行沟通，以确保项目的顺利进行。但是，如果在建筑设计过程中缺少了这种沟通，就可能导致一些本可以避免的问题的出现，对绿色建筑的实现造成阻碍。

3.开发商与消费者之间的交流

在绿色建筑的整个设计和建造过程中，开发商扮演着重要的角色，他们负责整个项目的管理，还需要利用 BIM 技术进行绿色设计，以确保项目的可持续性。消费者作为绿色建筑的最终使用者，有权对开发商的行为进行监督，确保绿色建筑的质量和性能符合标准。这种相互制约的关系有助于实现建筑全生命周期的绿色设计。

4.施工者与消费者之间的交流

在绿色建筑的施工阶段，施工者的责任是将设计图纸转化为实际的建筑物。但如果施工过程中出现偷工减料或不使用绿色建材的情况，那么之前的绿色设计就会失去其意义。施工者需要有行业的良心，确保施工质量符合标准。消费者也应该积极参与绿色施工的过程，通过监督和反馈，确保绿色设计的理念能够在实际的施工中得到体现，推动绿色建筑的持续发展。

第四节　提升建筑环保材料的利用率

一、探索环保材料的多样化应用

第一，环保材料的种类繁多，包括再生材料、可再生材料、低污染材料等，这些材料的性能和特点各不相同，在应用时需要根据建筑的具体需求进行选择。例如，再生材料通常来自废弃的建筑物或工业产品，它们的性能可能不如新材料，但成本较低，适用于一些对性能要求不高的建筑。可再生材料则是指那些可以通过自然过程再生的材料，如木材、竹材等，它们的性能较好，但成本较高，适用于一些高端的建筑。

第二，环保材料的应用需要考虑其与其他材料的搭配，不同的材料之间可能存在相互影响的问题，在设计时需要进行详细的分析和测试，确保材料之间的协调性。此外，环保材料的应用还需要考虑其与建筑的整体风格的搭配，确保材料的应用能够提升建筑的美观度。

第三，一些环保材料可能具有良好的隔热性能，能够有效降低建筑的能耗，但其隔音性能可能较差，在应用时需要进行综合考虑，确保材料能够满足建筑的性能需求。

第四，环保材料的应用应当需要考虑其对环境的影响，一些材料虽然在生产过程中产生的污染较少，但是在使用过程中可能会产生有害物质，在选择材料时需要进行全面的环境影响评估，确保材料的应用不会对环境造成负面影响。

二、优化环保材料的生产与供应链

（一）提升环保材料的生产技术

提升环保材料的生产技术，是确保其在建筑行业中得到广泛应用的关键步骤，通过研发新的生产工艺，可以提高环保材料的生产效率，有效降低生产成本，使其在市场上更具竞争力。

研发新的生产工艺是提升环保材料生产效率的重要途径，随着科技的不断进步，新的生产工艺不断涌现，这些工艺往往能够更有效地利用原材料，减少生产过程中的浪费，提高生产效率。新的生产工艺还能够降低生产成本，使环保材料的价格更加亲民，更容易被建筑行业所接受。先进的生产设备通常则能够更精准地控制生产过程，确保环保材料的质量符合建筑行业的高标准要求。加强对环保材料生产过程的监管是确保其符合环保标准的重要手段，通过严格的监管，可以确保环保材料在生产过程中不会产生过多的污染，真正实现其环保的价值。

（二）完善环保材料的供应链

第一，建立稳定的供应商网络。稳定的供应商网络可以保障环保材料的质量和数量，避免因供应不足而导致的项目延期。稳定的供应商网络还可以为企业提供更多的选择，在质量和价格上有更大的谈判空间，进一步降低环保材料的成本。

第二，优化供应链管理。通过优化供应链管理，可以有效减少物流成本，提高物流效率。例如，通过合理规划物流路线，选择合适的运输方式，可以有效降低运输成本。通过与供应商建立长期合作关系，可以实现批量采购，降低采购成本。

第三，引入信息技术。通过引入信息技术，可以实现供应链的实时监控，提高供应链的透明度和效率。例如，通过物联网技术，可以实时监控物流过程，确保物流的安全和效率。通过大数据分析，可以对供应链的各个环节进行优化，提高整个供应链的效率。

三、提高建筑环保材料的性能与质量

（一）研发高性能环保材料

在建筑行业中，环保材料的利用率的提升首先依赖于高性能环保材料的研发和生产，这些材料需要满足环保的基本要求，并具备优异的性能。研发高性能环保材料是一项涉及多个领域的综合性任务，需要科学家、工程师、建筑师等多方面的专业人员共同参与，通过跨学科的合作，共同探索和开发新的材料技术。在研发过程中，要注重材料的环保性，对其性能进行全面的测试和评估，确保其能够满足建筑行业的高标准要求。

（二）加强环保材料的质量控制

应当建立一套完善的质量控制体系，对环保材料从原材料的采购、生产过程到成品的每一个环节进行严格的检测和控制，确保每一批次的环保材料都符合相关的质量标准。要对环保材料的性能进行全面的测试，通过对材料的物理、化学、机械等性能的测试，可以全面了解材料的性能，确保其能够满足建筑行业的需求。此外，需要对环保材料的使用寿命、安全性等进行评估，确保其在实际应用中的可靠性。

（三）提升环保材料的应用技术

一方面，应当对环保材料的应用技术进行深入的研究，探索新的应用方法，以提高环保材料的应用效果，这包括了解环保材料的性能特点，探索其在不同环境和条件下的应用效果，以及研究如何将环保材料与传统建筑材料相结合，以发挥其最大的效能。另一方面，推广环保材料的应用技术是提升其利用率的重要途径，通过举办技术培训、研讨会等形式，向建筑行业的从业人员普及环保材料的应用技术，提高他们对环保材料的认识和接受度。

四、加强环保材料使用的政策与标准引导

（一）制定和完善环保材料的使用政策

政府应当制定和完善环保材料的使用政策，明确环保材料的定义、分类、性能标准等，为环保材料的生产、销售和使用提供法律依据。政策中应当明确环保材料的使用范围和比例，鼓励和支持建筑行业采用环保材料。政府可以通过财政补贴、税收优惠等方式，激励建筑企业和个人使用环保材料。

（二）建立环保材料的标准体系

为了保障环保材料的质量和性能，需要建立一套完善的环保材料标准体系，包括环保材料的生产标准、性能标准、检测标准等。标准体系应当科学、合理，能够反映环保材料的环保性和性能。同时，标准体系应当与国际标准接轨，便于环保材料的国际贸易。

（三）加强环保材料的监管和检测

政府应当加强对环保材料的监管和检测，确保环保材料的质量和性能符合标准。监管部门应当建立环保材料的检测体系，对环保材料的生产、销售和使用进行全面的监督和检测；建立环保材料的追溯体系，确保环保材料的来源和质量可追溯。

第八章 绿色建筑的评价

第一节 绿色建筑评价概述

一、绿色建筑评价的界定

人工环境的创造对生态环境产生的影响可以从全球、地区、社区和室内等不同层面进行划分。评估涉及社会经济、历史文化、物理环境（如噪声和气候）以及意识形态的内容（如景观、审美）等重要方面的因素，这些因素可能难以确定评估指标，或难以用清晰的因果关系来表示。

绿色建筑评估是对决策思维、规划设计、实施建设、管理使用等全过程的系统化、模型化和量化分析，是将定性问题定量化的一种方法。这种结合定性和定量的决策方法作为一种工具，旨在帮助考虑环境设计的使用者。它通过采取的行动和列出的一系列指标信息来组织每个阶段的营造过程。

为此，需要明确以下几个问题：

（一）对研究问题的明确认识

需要清楚问题的范围、包含的因素以及因素之间的关系，了解研究是在什么前提下进行的，初始阶段的选择也必须清楚。评估方法的选择关系其他基本决定，如研究目标、边界、范围的设定，特别是在开始阶段，应着重评判系统中的关键因素，忽略不重要的细节，以避免增加评价体系的复杂性。

（二）建筑体系目标往往定位在功能使用

传统的建筑体系通常将功能使用作为其主要目标，虽然在营造舒适使用环境的同时，往往导致生态环境的质量降低，但在绿色建筑体系下，在建设设计与建设过程中，需要对每个行动是否符合总目标进行衡量，并对各个措施进行评价。由于营造和使用期内的环境破坏问题，不仅需要决策部门和建筑师在决策、设计和营造阶段通过设计途径与技术措施来解决，还需要维护管理部门和使用者改变传统的观念与生活行为方式，确定相关的环境问题，提供一个协调行动的基点，建立一套"绿色建筑语言"，加强对环境重要性的认同。在设计阶段为了改善生态的环境质量，需要确立一套新的环境评价标准，来指导和限定使用者的行为。

（三）在建筑活动中一切有利害关系的不同群体应参与评定

在建筑活动中，所有有利害关系的不同群体都应参与评定，而这些参与者及群体往往意见不一致，在评价过程中，需要反复论证评价指标，以达成共识。最终的评价是建立在综合意见的基础上，以确保评价结果具有更大的可信度和可操作性。绿色建筑的评价是由环境资料、社会价值、经济技术等多方面考虑并征求专家群意见综合得出的，这使得评价更具有科学性与准确性。

（四）在评价体系的实际操作使用中术语成为一个关键的问题

一般性的总体评价方法与各具体的评价方法所用的术语概念必须一致，否则容易产生理解上的混淆。

二、绿色建筑评价的目的

由于绿色建筑体系所涉及的领域众多，牵涉的人员复杂，各方面均有不同的要求和计划，必然造成对于评价内容与指标的不同期待。因此，清楚了解绿色建筑评价方法的总目标及预期结果，对于最终成果的成功与否有着重要意义。

（一）可持续发展的运行

"可持续发展"是一个理想化的状态，包括环境方面的问题，还涉及社会、经济以及人类活动的各个方面，综合考虑到人与人之间、国家之间、代与代之间的不平等，以及其他方面的问题。如果绿色建筑不考虑这些广泛的文脉因素，那么它的意义将大打折扣，因此，评价体系应该纳入可持续发展的整体脉络中。在"可持续的环境"下的评价需要深入而透彻地了解与环境之间的相互影响，以确保人类的建设活动是在全球生态系统可维持自身平衡的范围内，虽然要彻底弄清这一问题是非常困难的。

目前的一些评价方法是旨在检测建筑在环境运行中相对于以前改进的程度，并且基于这样一种假设：单体建筑的改进最终能减小环境负荷与资源消耗，达到环境议程所要求的目标。

（二）评价体系的设计工具

评价一个已经建成的建筑方法被称为"评价工具"，而许多人认为这个评价工具同时也应该是"设计工具"，这就引发了一个问题：同一个工具或方法，既是评价工具，又是设计工具。也就是说，评价工具中必须增加什么内容和界定，才能使其在设计中作为有用的工具，这需要从评价框架的结构与操作使用者的素质和技巧来考虑。

通常，建筑环境评价需要具备对建筑运行提供一个全面和客观的评价能力。而设计则应具备三个主要功能：①确定环境目标，并对解决这些问题的可能设计战略与途径给出指导性建议；②在设计阶段就能够迅速地决策采用一项方案后的环境受益状态；③与其他设计因子和准则的关联。

在进行评价时需要关于该建筑的大量信息，但在设计阶段往往又不可能简单得到，在设计工具的总体原则中应注意以下几个方面：①能够使决策部门、设计小组及营造商认识和把握住环境中最重要的问题，而不是一些次要的、复杂的问题，否则只会使人们的思维更加混乱；②需要高度的条理化、精练化，而且具备设计阶段的评价能够影响设计结果的发展，并进行两者之间的比较，易于早期评分，以便设计人员或业主及时调整；③最理想的设计工具所需要的大量数据，可以从设计者所使用的其他辅助工具中得到，如关于建筑容积的信息可以自动从 CAD 上输入。

（三）应用的普遍适用性

绿色建筑评价需要满足两个主要条件：一是评价结果必须是客观、真实和可靠的；二是评价结果应对建筑的所有者产生吸引力，让他们认识到环境指标的改善能带来积极的效果。这意味着在评价指标和环境可持续发展的基准水平之间需要达成一种平衡。在常规的建筑过程中，广泛应用评价程序存在一定的困难，也难以预测是否能够简化成一个更为简洁的系统来满足这些要求，为了使评价工具能够更广泛地应用，需要做到以下两点：①简化评价指标的数量，并提出一套标准的基准水平；②在系统框架完成后，应与软件（网络）公司合作，开发相应的应用程序。

三、绿色建筑评价的范围

（一）构成因子

在评价体系中，对因子和亚因子的全面评价将消耗大量的时间和精力，并且可能难以判断整体评价的数据输入的相关性，所以评价工具，尤其是其输入模型，应该尽可能简洁。评价因子和亚因子可以分为关键和非关键两类，重点关注那些重要的问题，而忽略那些次要的问题，当然，这种区分可以根据具体情况进行调整。一旦关键因子和亚因子的划分确定下来，它们就应该在系统内保持相对稳定的时间较长。如果某些因子与评价的特定区域或具体案例的建设无关，那么应该认为该因子不适用，但也应注意这种划分有时会因评价目的的不同而变化。

（二）指标数据的收集

在绿色建筑评价中，需要依赖大量的指标数据，包括以下几个方面：①相关因子的规则和标准；②相关因子运行的主要特征；③相关因子的运行指标；④描述建筑设计特点、材料等的一些基本数据。

通常，使用者在数据收集过程中会遇到以下问题：①使用者通常认为输入模型需要过多的数据，但这些数据经常与评价关系不大；②绿色建筑模型所需的某些数据无法获得；③所需的数据可能来自建筑使用周期过程中的某一阶段，但在特定的时间内，对于某个特定的操作使用者来说难以获得。

（三）定性和定量评价

绿色建筑评价工具的显著特点是它覆盖了比传统建筑评价方法更为广泛的操作问题，传统的方法仅包括那些客观的、科学认可的、可验证的问题，但为了纳入当前难以准确定义的操作领域，评价过程中需要更多地采用定性描述的方式。

定性和定量评价的比重应该是相等的，如果实际操作无法达到这一标准，那么最好是排除那些细节较少的定性部分，转而依赖描述性的评价。有些定性打分指标较为模糊，不能作为指标评价的一部分，但可以作为描述性评价的一部分。

（四）参照建筑

参照建筑是通过设定一个基准点来形成操作评判的标准，参照建筑在比较中与营建的建筑具有相同的尺度和类型，并且位于同一地区。这个"参照建筑"为该地区同类建筑的营建提供了一个基准点。如果"参照建筑"得到充分的采纳和利用，那么规范化的失误就会减少，因为实施营建的建筑是在相似尺度、同一地区、相同用途的操作中进行比较的。

（五）操作指标

绿色建筑评价的核心是对操作指标的准确掌握和适当阐释。在评价过程中，以下几点尤为重要：

1. 室内环境

室内环境的评价涉及日光的质量、数量、方向，以及热环境与窗户的位置关系等多个因素，为了全面评价一个建筑的环境，需要为整个建筑制定一套完整且具体的操作准则。但由于每个室内空间的特性都有所不同，因此难以通过一种统一的方法来收集代表整个建筑操作水平的数据。为了使评价更接近客观和全面，可以选择一个具有代表性的空间区域作为评价的基础。

2. 材料的数量

在评价过程中，许多指标数据与建筑材料的特性相关，但这些数据通常较为复杂，难以操作。简单地说，为了评定废旧材料的构成因子和系统，或评价高耗费循环材料的利用指标，需要依赖大量的资料和要素。然而，这样的做法会导致在数据获取过程中产生困难，如果仅以较少的材料或整体建筑的环境因素来衡量，就无法得到一个既简单又全面的评价结果，因此环境准则应基于操作使用人员筛选出的具有明确研究目标的材料，然后进行数据收集和评判，并计算出建筑中废弃材料占全部材料花费的百分比，以及高耗费循环材料所占的百分比，从而预先发现问题并及时调整。

3. 具体的能耗

在整个评价过程中，能耗的具体分析是一项复杂的任务，虽然可以通过收集建筑的组成材料、元素和整体的用能情况来反映建筑环境的总耗能指标，但要进行详细的耗能分析则需要付出巨大的努力，且往往得不到相应的回报。此外，目前还缺乏足够的综合能源指标，以突出不同建筑材料和元素的特性。

4. 空气中的排放物

在传统的评价工具中，通常将空气中排放物的指标汇总在一个表格中，如"全球潜在变暖""酸雨"等，并采用可行的技术手段来解决这些问题。通过分析，可以将结果整理成具体的排放物指标（如二氧化碳、氮气、二氧化硫等），这些反馈结果应该返回到综合性的操作指标中，并利用现有的数据库指标和生命周期评价的结果进行综合分析。

（六）量化评分

通常，评价过程分为两个主要步骤：①对单个因子或亚因子进行评分；②计算并加权得到一个具有指导意义的总体指标。

1. 分数获取

所有分数的评定应有统一的标准，限定在一定的范围内，并明确上下限值。评分的基础是环境的容忍度，同时考虑达到某一水平的难度。费用是评价过程中需要明确考虑的因素。不同标准的评分值与评价的目的相关，并根据整体标准指标的提升进行适当的调整。

在适应基本评分系统的过程中，理想的"零点"指标应通过调整来适应地区性的实践，使用者不应降低其指标，而应尽可能加强。虽然在某些地区理想指标似乎还不可能实现，但在保持现有水平的同时，为这些地区设定了发展奋斗的目标。

2. 权重

权重是一种机制，通过它可以在适用的范围内减少大量操作因子到最低限度，并增加可掌握的因子数量。虽然权重是一个主观的过程，但在评价体系中是非常重要的，它融合了评价因子或亚因子的重要性（通常以其对人类健康或环境的影响来表示）和获取它的难度（获取一个具体指标的难度应在其基准点反映出来，如果非常困难，基准点应设在一个更容易接受的水平上）。在评价系统中，权重的程度应建立在每个因子或亚因子对环境和人类健康的重要性基础上。困难度可以在制定基准点的过程中反映出来，为那些难以或不寻常的实际建设制定更"容易"的基准点，并以零点指标和增长分数来体现。

第二节　国内外绿色建筑评价体系介绍

一、国内绿色建筑评价的发展历程及体系特色

我国对于绿色建筑评价体系的研究构建启蒙于 20 世纪初，沿循国家层面各类方案标准的持续修订、补足和拓展历程，可大致将该体系的发展划分为 4 个主要阶段，如图 8-1 所示。

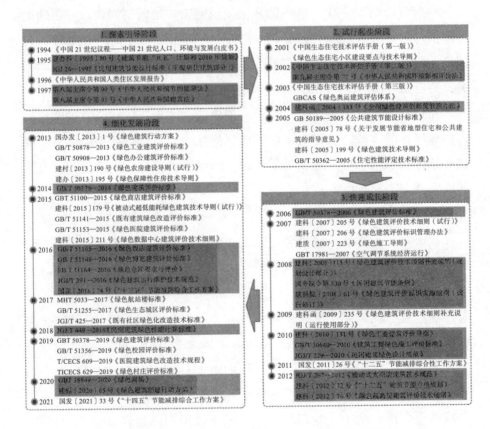

图 8-1　我国绿色建筑评价体系发展历程中的主要标准或方案发布一览

（一）探索引导阶段

20 世纪 90 年代初，中国基于与联合国环境与发展大会签署的《气候变化框架公约》和《生物多样性公约》中关于全球可持续发展的共识，结合国内的实际情况，编制并实施了《中国 21 世纪议程——中国 21 世纪人口、环境与发展白皮书》。在其中"人类住区可持续发展"章节首次明确"促进建筑业可持续发展"和"建筑节能与提高住区能源利用效率"的发展方案，为中国在绿色建筑领域的初步探索提供了启蒙和引导。

（二）试行起步阶段

从 2001 年起，由原建设部科技司组织编写发布了《中国生态住宅技术评估手册》并随后对其内容进行了两次修订（2002 年版和 2003 年版），成为我国早期绿色建筑的设计建设指导和评价工具。2002 年底"绿色奥运建筑评估体系研究"课题立项，2004 年我国首批绿色建筑专家赴美参加国际绿色建筑大会宣言中国发展绿色建筑的决心，2005 年由国家发改委、建设部等六部委主办召开第一届国际绿色建筑与建筑节能大会暨新技术与产品博览会，进一步推动了我国绿色建筑评价体系构建及规范细则的制定试行。

（三）快速成长阶段

2006 年由原建设部和国家市场监督管理总局联合发布了《绿色建筑评价标准》（GB/T 50378—2006），该标准首次明确了中国"绿色建筑"定义，并为能从多目标、多层次综合评价中国住宅和公共建筑的绿色性能确立了"四节一环保"的基础指标，成为我国绿色建筑评价体系发展过程中的一个重要里程碑。2008—2009 年，中国城市科学研究会"绿色建筑与节能专业委员会"和"绿色建筑研究中心"相继成立。其后我国相关职能部门重点围绕民用性质建筑的绿色评价展开了立项研究和实践，为下一步指导健全专项评价标准夯实了基础。

（四）细化发展阶段

2013 年初，国务院办公厅发布了《绿色建筑行动方案》，其中提出了"加快制（修）订适合不同气候区、不同类型建筑的节能建筑和绿色建筑评价标准"作为保障措施。随后，参考《绿色建筑评价标准》"三版两修"提供的基础性指标，中国的绿色建筑评价体系逐渐完善。2014 年修订版将其标准适用范围扩展至各类民用建筑，并优化补充了多项具体要求；2019 年修订版则将性能导向从"四节一环保"更新为"五大性能"，在此基础上，围绕民用、工业、农用性质建筑以及改造旧房、村庄等不同划分范畴的多项绿色建筑规范被陆续编制颁布，共同构成了一个相对细化健全的评价体系。

经过上述发展，中国的绿色建筑评价体系实现了一系列跨越式的演变，具体包括：①评价内容从单一层面的技术性能指标转向综合多样性能指标；②评价范畴由建筑规划设计阶段扩展为分阶段控制建筑的生命周期全过程；③评价方法由定性分析偏主观评价转为定量分析重客观评价；④评价规模从微观建筑层面向宏观区域层面扩大；⑤评价适用对象由单一类型向多元化演变；⑥评价策略实施从自主推荐引领转向强制监管落实；⑦评价政策实践从试点城市发展至全国普及；⑧评价机制的研究和运作由依托民间机构转为政府部门主导和多方联合。该体系整体具备了如图 8-2 所示的主要特色。

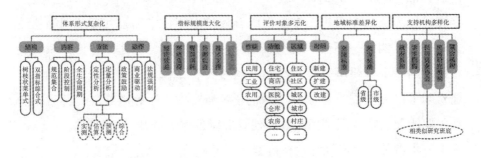

图 8-2　我国绿色建筑评价体系的主要特色

二、国外绿色建筑运营评价体系

（一）综述

世界上首部绿色建筑评价标准是英国于 1990 年发布的 BREEAM 标准（Building Research Establishment Environmental Assessment Method，建筑研究院环境评估方法）。随后，美国、德国、日本、新加坡等也陆续发布了各自的绿色建筑评价标准。随着标准所适用的建筑类型和适用的阶段不断扩展和增加，各国也不断修订和更新了绿色建筑评价标准的版本，从最初的一部或几部逐步发展形成了完整的绿色建筑评价标准体系。目前比较成熟的绿色建筑评价标准体系有英国的 BREEAM 标准，美国的绿色能源与环境设计先锋（Leadership in Energy and Environmental Design, LEED）标准，德国的可持续性建筑（Deutsche Gesellschaft für Nachhaltiges Bauen, DGNB）标准，日本的建筑物综合环境性能评价（Comprehensive Assessment System for Building Environment Efficiency, CASBEE）标准，以及新加坡的绿色建筑标志（Green Mark）标准。

通过对上述 5 个国家的绿色建筑评价标准体系进行对比研究后发现，其标准体系内均设有专门针对运营阶段的评价标准，用于对绿色建筑在运营使用阶段的硬件运行效率、室内环境质量、管理绿色化水平、影响环境的程度等方面进行系统的考核和评估。

为确保绿色建筑的实际运营效果，相关国家不仅在评价体系中设立了针对运营的评价标准，还配备了长期的运营管理机制。在法规方面，各国根据自身国情制定了规范绿色建筑设计、施工、运营的法律法规，一定程度上实现了对绿色建筑全生命周期的强制性监督管理。例如，英国强调了白皮书、相关规划与计划等政府倡议性条款，新加坡则提出了创新性的顶层设计管理策略，这些国家的措施全面推进了绿色建筑的普及。在奖励政策方面，各国积极探索和推广财政补贴、低息贷款、税收减免和容积率奖励等措施，以激励绿色建筑相关项目的开发，取得了显著的成效。值得一提的是，日本还对杰出的绿色建筑项目及其开发商进行获奖表彰，从社会认可和荣誉度的角度激励公众加强绿色节能意识。新加坡则将奖励政策细化，分别针对建筑设计原型、新建建筑、既有建筑、节能改造建筑等具体措施，为深化绿色建筑的推广效果奠定了坚实的基础。在市场推广方面，各国充分发挥行业协会的推动力，积极与开发商、学校、社区等其他社会主体合作，共同推动绿色建筑的社会与经济效益，进而推动绿色建筑的市场化进程。这些措施共同构成了一个全面的绿色建筑推广体系，为实现绿色建筑的普及和可持续发展奠定了坚实的基础。

（二）运营评价体系比较

1.评价对象比较

在评价对象方面，LEED O+M、CASBEE-EB 和 GMIS-EB 的评价对象包括各种类型的现有建筑，具有较高的通用性；而 BREEAM In-Use 仅适用于现有的非居住建筑，因此在使用上有一定的限制；DGNB Buildings in Use 不仅适用于现有建筑，还适用于评价翻新建筑，显示出其创新性。在评价对象的前提方面，LEED O+M 和 BREEAM In-Use 都要求项目至少运行 1 年；DGNB Buildings in Use 要求项目有 1 年的使用记录；CASBEE-EB 要求项目至少竣工 1 年且正在使用中；GMIS-EB 则明确要求申请者提供过去 3 年的能耗使用数据，这说明项目运行阶段的能耗数据是进行运营评价的重要依据，其作用不可替代。

2.评价内容比较

上述 5 个国家的绿色建筑运营评价体系主要集中在能源、环境和管理等方面。能源包括用能、用水、用材等；环境是指建筑室内环境质量、舒适度、安全性等；管理则包括运行制度、措施等。此外，各运营评价体系的评价内容还有不同的侧重点，例如 LEED O+M、BREEAM In-

Use 包括公共交通的评价；DGNB Buildings in Use 更关注建筑全生命周期的社会和经济效益；CASBEE-EB 对建筑的服务性能提出了单独的要求；而 GMIS-EB 特别强调了建筑的智慧属性。

3. 评价机制比较

在评分方法方面，LEED O+M 和 GMIS-EB 采用了线性求和的方式，便于使用者的理解和接受，但适应性较差；BREEAM In-Use 和 DGNB Buildings in Use 使用的是加权求和的方式，通过对不同指标条款设置权重系数使评价体系更加形象、清晰，但对使用者的专业性要求较高；CASBEE-EB 在全球范围内首创了 Q/L 的评分方法，但局限性较大，不利于推广和普及。在评价方式方面，除 CASBEE-EB 以外均采用了百分制的分级形式，具有普遍性；CASBEE-EB 采用的是比值分级的方式，需要专门的 Q/L 比值分级图才能得到最终评价结果，通用性较差。在等级划分方面，LEED O+M、DGNB Buildings in Use 和 GMISEB 均设置了 4 个等级，划分形式较为通用；而 BREEAM In-Use 和 CASBEE-EB 设置了 5 个等级，划分形式较为复杂。在标识有效期方面，DGNB Buildings in Use 和 GMIS-EB 的标识有效期限为 3 年，到期后的重新认证过程较为简单；BREEAM In-Use 根据不同的标识类型其有效期限分别为 1 年和 3 年，对标识的重新认证要求较为严格；LEED O+M 和 CASBEE-EB 的有效期限最长为 5 年，标识的重新认证周期较长。

三、国外绿色建筑运营评价体系对我国的启示

绿色建筑运营评价体系的推行对提升绿色建筑的运营效能发挥了重要作用，有效促进了建筑的节能性能和室内环境质量的满意度。在我国的绿色建筑技术标准体系中，应当制定专门针对运营阶段的评价标准，使其成为绿色建筑评价体系的关键组成部分，并确保其与新建建筑评价标准之间的连贯性和统一性。

通过对国际上绿色建筑运营评价体系的评价对象、评价内容和评价

机制的比较分析，可以明显看出，运营评价体系的核心评价内容应包括建筑能耗和室内环境质量。此外，资源的消耗与利用、运营管理也是运营评价与新建建筑评价的区别之处。

　　绿色建筑运营评价的标识等级设置应与新建建筑的等级设置保持一致，以体现绿色建筑评价体系的整体统一性。绿色建筑标识应设定一定的有效期限，参照国际经验，通常为 3 ～ 5 年。在绿色建筑标识失效后，应依靠运营评价体系进行重新评价，确保项目始终保持其绿色属性。

参考文献

[1] 张丽丽，莫妮娜，李彦儒，等．绿色建筑设计 [M]．重庆：重庆大学出版社，2022.

[2] 王燕飞．面向可持续发展的绿色建筑设计研究 [M]．北京：中国原子能出版社，2018.

[3] 杨维菊．绿色建筑设计与技术 [M]．南京：东南大学出版社，2011.

[4] 刘经强，田洪臣，赵恩西．绿色建筑设计概论 [M]．北京：化学工业出版社，2016.

[5] 刘抚英．绿色建筑设计策略 [M]．北京：中国建筑工业出版社，2013.

[6] 王爱风，王川．基于可持续发展的绿色建筑设计与节能技术研究 [M]．成都：电子科技大学出版社，2020.

[7] 李建国，吴晓明，吴海涛．装配式建筑技术与绿色建筑设计研究 [M]．成都：四川大学出版社，2019.

[8] 王昆鹏．论高层建筑设计中绿色建筑设计的运用 [J]．居业，2023（9）：86-88.

[9] 任淑娟．关于公共建筑设计中的绿色建筑设计的研究 [J]．陶瓷，2023（9）：169-171.

[10] 张志强．绿色建筑材料在建筑工程施工技术中的应用 [J]．佛山陶瓷，2023，33（9）：136-138.

[11] 王继顺．绿色建筑设计理念与节能技术应用 [J]．四川建材，2023，49（9）：17-18，21.

[12] 韩雪．被动式节能技术在绿色建筑设计中的应用 [J]．中国住宅设施，2023（8）：25-27.

[13] 罗婷.绿色建筑理念在房建工程管理中的应用浅论 [J].四川建筑，2023，43（4）：281-282.

[14] 李燕，武彦生，高雄.BIM 技术的绿色建筑项目管理影响因素分析 [J].散装水泥，2023（4）：99-101.

[15] 刘继骁.城市化背景下绿色建筑的发展策略与实践 [J].城市建设理论研究（电子版），2023（24）：10-12.

[16] 李晶.绿色建筑施工安全事故防治措施研究 [J].建材发展导向，2023，21（16）：129-131.

[17] 赵峰.探究绿色建筑新材料新技术理念下建筑设计的发展趋势 [J].居舍，2023（22）：98-100.

[18] 黄超.可持续发展理念下绿色建筑电气节能优化设计 [J].中国建筑金属结构，2023，22（7）：31-33.

[19] 张媛媛.基于绿色建筑全生命周期的成本变量研究 [J].房地产世界，2023（14）：88-90.

[20] 韩利琳，贾浩东.绿色建筑中的环境健康法律保障研究 [J].建筑经济，2023，44（S1）：516-520.

[21] 王晓红.新时期绿色建筑工程管理的主要问题及解决措施 [J].中国建筑装饰装修，2023（14）：98-100.

[22] 闫培义.绿色建筑给排水的节水途径及技术 [J].水上安全，2023（6）：58-60.

[23] 张宇，邱国林.绿色建筑特点及评价指标体系研究 [J].陶瓷，2023（7）：114-116，139.

[24] 梁鑫，陈云利.建筑学中绿色建筑设计的发展趋势分析 [J].中国建筑装饰装修，2023（13）：119-121.

[25] 赵添，陈德鹏.建筑设计与绿色建筑技术的优化结合 [J].江苏建材，2023（3）：74-76.

[26] 刘振中，谭光磊.绿色建筑技术与建筑造型设计探索 [J].中国建筑装饰装修，2023（12）：85-87.

[27] 张宝珠.绿色建筑材料在建筑工程中的应用 [J].中国建筑装饰装修，2023（12）：94-96.

[28] 李波.试论绿色建筑设计理念在建筑设计中的整合与应用 [J].陶瓷，2023（6）：156-158.

[29] 刘玉红.可再生能源与绿色建筑设计的艺术理念应用 [J].佛山陶瓷，2023，33（6）：34-36，52.

[30] 陈华，周迪.绿色办公建筑模拟技术的节能减碳作用探讨 [J].节能，2023，42（5）：12-16.

[31] 王乾坤.建筑设计中的绿色建筑技术的应用与优化措施 [J].居舍，2023（15）：98-101.

[32] 宋秀刚.绿色建筑设计中智能建筑技术的应用 [J].智能建筑与智慧城市，2023（5）：99-101.

[33] 杨茜，王鑫.适宜夏热冬暖气候区医院的绿色建筑设计要点分析 [J].绿色建筑，2023，15（3）：38-40.

[34] 李冠.绿色建筑技术在建筑设计中的原则与运用 [J].居舍，2023（14）：119-121.

[35] 刘洋.绿色建筑评价标准及其应用研究 [J].中国建筑装饰装修，2023（9）：83-85.

[36] 韩伟.关于绿色建筑给排水设计的节水措施探究 [J].佛山陶瓷，2023，33（4）：57-59.

[37] 欧兴.建筑设计中绿色建筑技术优化结合研究 [J].低碳世界，2023，13（2）：103-105.

[38] 张进，罗康，郑林涛，等.高层绿色办公建筑围护结构节能潜力研究 [J].建筑节能（中英文），2022，50（11）：37-42.

[39] 唐飞，付慧.节能技术在绿色建筑工程中的应用研究 [J].石河子科技，2021（6）：54-56.

[40] 孙菁.浅谈给排水设计中绿色建筑的节水技术要点 [J].房地产世界，2020（20）：40-41.

[41] 牛源 . 绿色建筑节材和材料资源利用技术研究 [J]. 建材与装饰，2019（33）：48-49.

[42] 黄修林，孙华，彭波 . 绿色建筑节材和材料资源利用技术 [J]. 绿色建筑，2013，5（1）：30-33，46.

[43] 屈平 . 绿色建筑的照明技术 [J]. 大众用电，2006（6）：21-22.

[44] 黄凯维 . 严寒地区绿色建筑节能技术应用研究 [D]. 长春：吉林建筑大学，2022.

[45] 刘梓峰 . 绿色建筑理念在全装修住宅设计中的融合与运用研究 [D]. 南昌：南昌大学，2020.

[46] 田一辛 . 寒冷地区办公建筑性能优化设计研究 [D]. 天津：天津大学，2020.

[47] 徐子健 . 寒冷地区大进深高层公寓绿色建筑通风组织设计研究 [D]. 沈阳：沈阳建筑大学，2020.

[48] 蔡晓晨 . 温和地区生态办公建筑被动式设计策略研究 [D]. 北京：北京交通大学，2018.

[49] 卢琦 . 严寒地区既有居住建筑绿色改造评价模型构建 [D]. 沈阳：沈阳建筑大学，2018.

[50] 杨艳 . 绿色建筑技术经济成本效益评价研究 [D]. 成都：西南交通大学，2015.

[51] 张文青 . 温和地区建筑遮阳设计方法研究 [D]. 重庆：重庆大学，2014.

[52] 王广斌 . 绿色性能导向的寒冷地区工业建筑遗产改造设计研究 [D]. 济南：山东建筑大学，2023.

[53] 孙妍 . 我国绿色建筑法律保障机制研究 [D]. 太原：山西财经大学，2023.

[54] 成浩源 . 大连绿色公共建筑运行性能分析及节能设计策略研究 [D]. 大连：大连理工大学，2022.

[55] 王娟 . 绿色建筑典型技术分类与推广价值评级研究 [D]. 武汉：华中科技大学，2022.